第一章

概　述

地勘（地质勘探）包括固体、液体、气体矿产勘探，石油天然气矿产勘探，水文地质、工程地质、环境地质调查，地球物理、地球化学勘探，地质钻（坑）探，地质实验测试等。自《国务院办公厅关于印发地质勘查队伍管理体制改革方案的通知》（国办发［1999］37号）下发后，原地质矿产部和其他各部委所属的地勘队伍逐步走上了属地化和企业化的道路，目前地勘单位的性质主要为国有企事业单位，分布在地矿、煤炭、有色、冶金、核工业、石油、化工、建材、武警等系统。地勘单位以野外工作为主，工作性质特殊，工作过程中存在较多的危险因素，具有作业条件艰苦，工作环境复杂，工作区域点多、面长、线广，人员流动性大，野外临时雇佣人员多等特点，安全管理模式较为松散，大部分地勘单位的工作地点分布在新疆、青海、内蒙古等地区，以及中亚、非洲、拉美等地，人员安全风险较高。因此，加强安全生产管理和安全工程技术研究，提升地质勘探安全生产管理水平十分必要。“0-65432”安全管理模式是针对目前地勘单位安全管理现状提出的，贯穿整个安全生产管理过程，横向适用性和针对性强，对地勘单位安全生产管理具有一定的参考价值和指导意义。

第一节　“0-65432”安全管理模式

地勘单位自身安全底子薄，管理基础差，提高安全管理水平仍需要从意识形态和管理模式上寻求突破，只有更新安全管理观念和创新安全管理模式才能提升整体安全管理水平。“0-65432”安全管理模式框架完善，思路清晰，易于理解和推广，在实际运行中通过各环节的紧密配合能够提高管理效率，促进形成企业文化，是地勘单位谋求安全发展、提升市场竞争力的有力手段。

“0-65432”安全管理模式（见图1-1），具体为：“6”，建立6个安全管理基础体系，包括目标责任体系、监督检查体系、教育培训体系、考核奖惩体系、制度保障体系、应急管理体系；“5”，通过安全管理体系的有效运行打造现代地勘单位安全管理的5化，即制度化、标准化、常态化、过程化、信息化；“4”，建立4个管理层级，即决策层、管理层、中间层、执行层；“3”，将安全管理过程划分为3个阶段，即计划、执行、总结改进；“2”，抓好地勘安全管理中的2项重点工作，即作业现场管理和安全生产标准化；“0”，通过建立体系，规范管理，明确责任，把握重点实现“0”事故的管理目标。

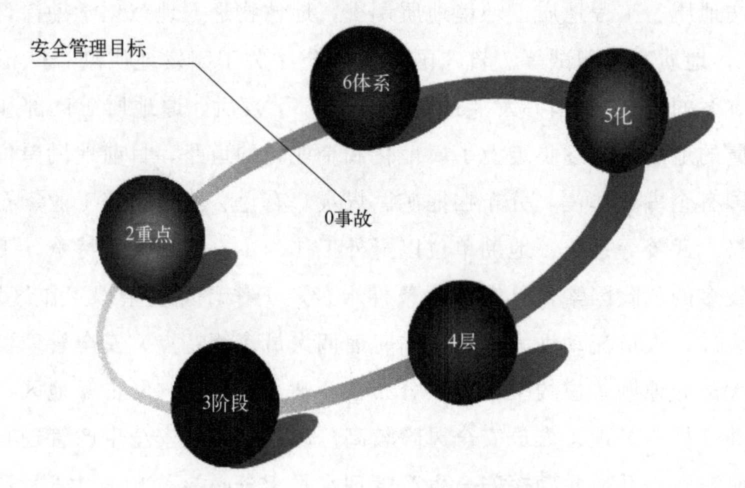

图1-1　“0-65432”安全管理模式图

一、6个安全管理基础体系

1. 目标责任体系

结合地勘单位实际修改完善安全责任制度内容，分岗位、专业和工种完善目标责任书内容，扩大责任书的签订范围，全员分级签订目标责任书，充分体现“安全生产，人人有责”“层层分解，层层落实”的宗旨，同时通过分级考核督促责任落实。

2. 监督检查体系

建立定期、不定期、综合性和专业性安全监督检查机制，打破以往“单一检查”“上级对下级检查”的传统模式，实行安全监督检查“倒查”“互检”“复核”，即下级单位可对上级单位进行检查，同级单位互相检查，定期抽调相关人员对已形成的安全检查结果进行复核，形成互相督促、互相检查、动态监管的良性模式。

3. 教育培训体系

从培训计划、内容形式、效果评价三个方面强化教育培训体系建设，在实际操作中结合实际制订年度、季度、月度教育培训计划，并对教育培训计划进行完成情况考评，根据实际工作情况、专业特点或员工需求编制培训教材，采用动画片、现场参观指导、实际案例分析等多种形式开展教育培训。

4. 考核奖惩体系

以制度为抓手完善考核奖惩体系，在考核奖惩中引入“变动权重系数”机制，结合被考核单位的工程量、危险程度分别确定不同的权重系数，如：A单位规模小，施工项目较少，考核得分可采用1.0的权重系数，而B单位规模较大，施工项目较多，可将考核得分权重系数提升至1.2。考核奖惩采用“综合加权评价”，计算年度考核结果时以同一单位近3年的考核得分作为评价区间，将当年的考核得分作为加权基数，前2年的考核得分平均值作为基础基数，即当年考核得分＝加权基数＋(加权基数－基础基数)/3。引入“动态排名”机制，对所属单位按照历年考核累计总分进行排名，根据排名先后再给予一定比例的额外奖惩，并与先进评选相关联。

5. 制度保障体系

以保障安全生产为目的，根据地勘单位特点并结合相关法律法规和作业规程要求完善相关管理制度，以制度来约束员工行为，细化制度内容，分级制定安全管理制度或实施细则。

6. 应急管理体系

以危险因素辨识评价、应急预案、应急演练、应急装备、应急值守等为主要内容建立应急管理体系，制定综合预案、现场预案和专项预案，定期组织应急演练，按年度统一组织危险因素的辨识并发布更新，合理配备必要的应急装备，使各级、各部门形成上下联动，成为整体。

二、安全管理5化

（1）制度化　通过对现有安全制度的不断修改、整补、完善，实现任何一项安全管理工作均有相应的制度作为支撑，按制度办事，减少人为因素影响。

（2）标准化　通过各项基础工作的扎实开展实现安全管理的标准化，包括基础资料标准化和作业现场标准化，做到安全资料分类清晰明确，整理归档规范，作业现场定置管理，工器具摆放整齐。

（3）常态化　将安全管理贯穿到生产、施工、经营、市场、战略制定等各方面，在布置其他工作的同时布置安全工作，使安全管理工作成为常态。

（4）过程化　过程化的关键是执行措施的落实，在日常安全管理过程中要结合工作实际采取相应的安全管理措施使各项安全管理工作落到实处，如采取制度约束、记录追溯、责任倒查等方式解决管理措施落实不到位的现状。

（5）信息化　将安全管理工作与信息化技术相结合，通过开发诸如“安全管理系统”等相关软件、网络即时在线平台等手段实现信息的即时传输和实时共享。

三、4个管理层级

（1）决策层　明确单位的安全生产第一责任人和安全分管领导等指令发布者为整个安全管理组织架构的决策层。

（2）管理层　负责将决策层的要求或命令付诸实施，综合协调各层级之间的关系，监督管控中间层和执行层。

（3）中间层　具备一定的管理职能，主要负责直接对执行层实施安全管理，同时向管理层反馈执行层安全状况，并及时传达落实决策层指示和管理层制定的安全管理措施。

（4）执行层　整个安全管理组织的最终层面，同时也是工作能否落实的决定性层面，安全管理工作的好坏关键是看执行层能否将安全管理工作落实到位。

四、安全管理3阶段

结合“PDCA”循环模式原理，安全管理工作可划分为3个阶段，能够有效解决目前地勘单位安全管理重形式轻实效的问题。

（1）计划　在开展安全管理工作前分别按照时间和内容制订工作计划，依计划行事，如按照时间制订年度、季度、月度工作计划，按照工作内容制订安全检查计划、教育培训计划、安全费用计划、安全考核计划等。

（2）执行　健全完善安全管理工作实施过程中的相关过程记录，依照计划开展各项工作。

（3）总结改进　对所完成的安全管理工作进行总结，查找工作中存在的漏洞和问题，及时予以改进完善，并为下次工作计划的制订提供参考。

五、2项安全管理重点工作

（1）作业现场管理　根据地勘单位施工作业特点完善钻探、物化探、地质调查、测量等作业现场的管理工作，从“人、机、环、管”4个方面加强现场作业管理，要求作业现场工作人员统一着装，穿戴合格劳动防护用品，加强现场工器具和机器设备的维修保养，采用定置化管理，同时加大对作业现场的管理力度，严格检查处罚，杜绝违章违规行为发生。

（2）安全生产标准化　依据《企业安全生产标准化基本规范》（GB/T 33000—2016）要求开展安全标准化创建工作，按照规范核心要求制订工作计划，分项、分阶段进行整改完善。

六、“0-65432”安全管理模式的实际应用

“0-65432”安全管理模式的实际应用措施见表1-1。

表1-1 “0-65432”安全管理模式的实际应用措施

序号	环节	内容	实际应用措施
1	6体系	目标责任体系	将安全管理目标分为确保目标和管理目标，确保“四大事故”为零，教育培训率、隐患整改率、劳动防护用品发放率、安全持证上岗率等均为100%；签订《单位安全目标责任书》《安全管理人员目标责任书》《车管部门负责人安全目标责任书》《专职驾驶员安全目标责任书》《施工项目安全目标责任书》《员工安全承诺书》等安全目标责任书
2		监督检查体系	强化安全监督检查，明确规定检查次数，院级每季度1次，分院每月1次，项目每周1次，班组天天自查；采用《安全目标责任考核表》《钻探施工现场安全检查表》《物化探现场安全检查表》《实验室安全检查表》《隐患整改指令书》等表格进行检查记录和责任倒查，谁检查的单位出了问题追查谁的责任
3		教育培训体系	建立健全安全教育培训题库，实行“三前”教育，即项目开工前、人员出队前、新职工上岗前均组织安全教育培训，建立职工安全教育培训台账和记录卡片

续表

序号	环节	内容	实际应用措施
4	6体系	考核奖惩体系	安全分管、专职安全员、兼职安全员享受月度安全岗位津贴；实行“施工项目安全风险抵押金及补贴制度”，按照项目规模交纳抵押金，享受安全补贴；按年度考核得分返还抵押金，发放奖励，90分以上，100%发放安全抵押金奖励
5		制度保障体系	健全完善制度，编制印发《安全管理制度汇编》，包括36项制度，每2年对制度汇编进行1次修订
6		应急管理体系	院、分院编制《综合应急预案》，项目部编制《现场应急预案》或《安全处置方案》；成立临时救援队伍，救援队人员电话24h开机
7	5化	制度化	安全检查考核执行“安全检查制度”“安全奖惩及考核规定”“隐患排查制度”，教育培训执行“安全教育培训制度”，部门和人员按照“安全生产责任制”履行职责，安全会议执行“安全会议制度”
8		标准化	资料管理按照20项安全基础资料标准进行；施工现场定置化管理
9		常态化	院级每季度召开1次安全例会，分院每月1次，项目按周召开，班组开每日班会
10		过程化	对《安全检查表》《目标责任考核表》《安全检查建议书》《隐患整改指令书》《教育培训台账》《安全会议记录》《安全会议签到表》《安全费用支出使用明细》等进行归档保存，形成过程记录，保存期限2年以上
11		信息化	开发安全管理在线监控和信息化系统，使用“安全生产管理系统”录入安全管理信息，实时进行沟通
12	4层	决策层	院长、安全分管副院长（安全总监）
13		管理层	院总部安全管理部门、院属各二级单位安全管理部门及人员
14		中间层	施工项目部经理、安全管理人员
15		执行层	班组安全员
16	3阶段	计划执行	制订实施“年、月度安全检查计划”“教育培训计划”“安全活动计划”“安全费用提取使用计划”等
17			执行过程中形成安全检查、教育培训、安全活动等相关记录
18		总结改进	采用安全检查通报、教育培训效果评价、安全活动总结等对开展的安全管理工作进行总结并提出改进意见

续表

序号	环节	内容	实际应用措施
19	2 重点	作业现场管理	现场统一制作“钻探施工现场厂区布置图”“企业形象宣传牌”“进场施工提示牌”“标准化配电箱、接地极”“场区围挡”等
20		安全生产标准化	编制印发《安全文化手册》《班组安全活动记录》《地质调查安全手册》等标准化材料，为钻探、物化探、地质调查等野外工作人员配发印有企业标志的服装、背包、鞋帽等标准化劳动防护用品，施工驻地统一制作“安全上墙资料牌”“项目安全管理资料夹”等

第二节 地勘单位“4+ 7”一体化安全生产管控模型

一、一体化安全生产管控模型设计思路

一体化安全生产管控以安全生产法律法规合规为主线，按照精简、实用、高效的原则将核心安全生产管理工作纳入一体化管控，实施“4 台”管理，即前台（施工项目部）、小前台（分公司、项目经理部）、中台（子公司）、后台（集团公司）（如图 1-2 所示）。

二、一体化安全生产管控模型内容

（一）四台管理

1. 后台（集团公司） A1

集团公司根据安全生产法律法规和上级工作部署要求，制定安全发展规划和工作计划，编制安全生产管理制度，协调优化安全生产管理组织架构，统一配置全集团安全生产管理人员队伍，为子公司提供应急资源、应急队伍保障和专业技术支持，组织开展重大安全生产事项研究和安全科技研发攻关，整合安全管理业务人员和优势资源建立安全生产监管中心，实施区域化综合安全生产监管。

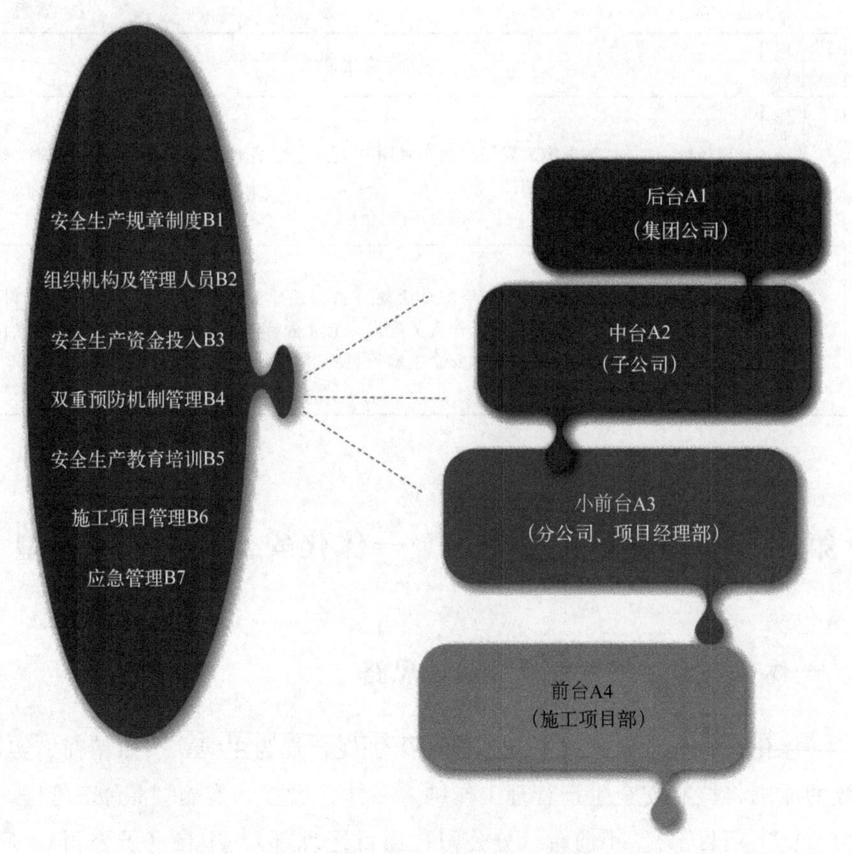

图 1-2 “4＋7”一体化安全生产管控模型

2. 中台（子公司） A2

子公司作为基层管理单位，主要负责根据集团公司制度和工作安排部署制定相关安全生产管理制度、标准，建立安全生产管理体系，按照集团公司安全生产规划和工作计划，统筹协调各项安全生产管理工作，上传下达安全生产工作，为分公司、项目经理部提供安全生产技术支持和具体方案指导。

3. 小前台（分公司、项目经理部） A3

分公司和项目经理部共同作为小前台指导项目进行安全生产管理，统计汇总施工项目安全生产信息，根据子公司、集团公司安全生产管理制度规定，督促、协调项目按照集团公司、子公司安排部署和工作要求开展安全生产工作。

4. 前台（施工项目部） A4

施工项目部是生产经营的最基本单元，接到指令后直接进行施工和现场管理。项目经理负责组织进行前台管理，贯彻执行各项安全生产管理制度、操作规程要求，加强分包队伍管理，落实安全风险管控和隐患排查治理措施。

（二）管理模块

管理模块覆盖安全生产管理全过程核心内容，各模块由若干管理要素构成，管理要素内容依据安全生产法律、法规及相关文件进行设置，对外防范违法违规风险，对内便于梳理汇总相关数据。

1. 安全生产规章制度

（1）规章制度　结合生产经营实际辨识相关政府安全生产法律法规、政策文件、专业标准，建立安全生产法律法规辨识清单。

（2）安全生产会议　通过定期召开安全生产会议，安排部署安全生产工作，传达落实相关要求。

（3）岗位职责　细化安全生产岗位职责，形成制度化、清单化文件。

（4）安全生产标准化　按照法律、法规和标准要求开展安全生产标准化建设，完善安全生产标准化基础资料台账，加强现场设施设备安全标准化配置，定期进行安全生产标准化运行情况评估，落实持续改进措施。

2. 组织机构及管理人员

（1）安全生产组织机构　下发正式文件成立安全生产委员会或安全生产领导小组，成员应涵盖领导班子成员、安全生产管理部门负责人或安全业务主管、职工代表等，下设办公室负责安全组织机构日常事务。

（2）安全生产管理人员　配备具有相应资格条件的安全生产管理人员，数量达到按照法律法规规定比例建立安全生产管理人员信息台账。

（3）考核合格证书　组织参加应急管理部门或行业主管部门组织的安全生产知识培训，取得考核合格证书，建立安全生产考核合格证书取证人员管理台账。

3. 安全生产资金投入

（1）费用预算　按照相关行业规定比例提取，分级编制安全生产费用提取使用计划。

（2）支出统计　安全生产费用应规范支出使用，健全安全生产费用提取使用明细账，加强施工项目的结算监管。

（3）安全保险　按年度购买安全生产责任险和雇主责任保险，备案存档保险单据。

4. 双重预防机制管理

（1）安全风险　应结合生产经营实际和专业特点制订并及时更新风险管理措施，对风险进行量化评估后划分风险等级，形成安全风险分级管理清单。

（2）隐患排查　根据安全风险辨识结果排查潜在安全隐患，确定排查内容、排查标准、隐患判定、管控措施以及综合性检查、日常检查、专项或季节性检查、专业性检查频次，形成隐患排查清单，对重大、易发隐患进行重点防控。

（3）安全检查　应结合安全风险分级管控和隐患排查清单内容定期制订检查计划，通报检查出的安全风险和隐患，做好信息台账分析统计。

（4）考核评价　充分结合生产经营实际，细化考核评价内容，采用安全生产考核评分表定期对安全生产管理情况进行考核和量化评价，建立安全生产考核评价台账。

5. 安全生产教育培训

（1）培训计划　结合国家、地方安全生产法律法规修订更新情况和安全生产重点工作制订年度安全生产教育培训计划，明确指导思想、工作目标、培训对象、培训内容、培训形式、组织方式、计划时间等内容。

（2）过程记录　按照年度安全生产教育培训计划组织开展教育培训，做好教学课件、视频、照片等过程记录的收集整理，建立职工安全教育培训档案。

（3）效果评价　安全教育培训结束后应及时组织进行闭卷考核，统计汇总考核成绩，建立培训考核评价台账，更新完善《职工安全生产档案》。

6. 施工项目管理

（1）项目信息　主要统计内容包括实施单位、承担项目经理部、开工日期、项目名称、施工地点、工作任务、合同额、项目经理及电话、项目类型、预计完工时间、管理及施工人员数量等。新项目开工前应将工作方案、应急预案、进场人员调查表、开工前安全检查表等资料随同开工申请报送上一级安全管理部门审查。

（2）安全协议　工程进场施工前应与分包方约定双方安全生产职责，签订安全生产协议，明确安全生产费用提取比例。

（3）分包方管理　项目经理部、分公司、子公司、集团公司逐级建立施工分包方安全评价信息库，定期对施工分包安全生产条件、施工能力、安全标准水平进行综合安全评估。

7. 应急管理

（1）应急值班　实施各级领导 7×24h 应急值班，每月由安全生产管理部门发布 1 次应急值班计划，明确应急值班人员姓名、职务、应急值班人员联系方式、计划值班日期等内容。

（2）现场带班　根据施工项目情况，每月发布 1 次单位负责人现场带班计划，完善带班考勤交接记录，主要内容包括交接班时间，到岗时间，带班职责履行情况，带班期间发现问题及隐患、整改措施，对下一班带班人员建议，离岗时间等。

（3）应急预案　按照国家标准要求编制相关应急预案，注重应急指挥机构、应急响应机制与上一级预案的衔接，健全完善应急预案文件体系。

（4）应急演练　定期制订应急演练计划，应急演练应明确指导思想、演练目的、内容及形式、具体工作要求等内容，及时开展演练目标评估和实施过程评估。

（5）应急资源　各级单位根据生产经营情况储备一定数量的应急物资、装备，并定期补充更新，确保需要时调得出、用得上。应急资源统计内容主要包括应急物资库名称、物品类别、物品名称、数量、管理人、联系电话、管理单位、存放地点等，分级统计并建立应急资源台账，逐级上报汇总至集团公司，形成应急资源管理大数据。

第二章

双重预防机制

双重预防机制是一种以风险防控为核心，通过风险评估和隐患排查治理的双重手段，有效地预防和控制事故的发生的动态管理模式，目的是要斩断危险从源头到末端的传递链条，形成风险辨识管控在前、隐患排查治理在后的“两道防线”。这一机制的核心在于两个“预防”，一是预防事故隐患的形成，二是预防已存在的事故隐患转化为实际事故。这种机制的实施，要求企业和组织不仅要关注事故的处理，更要重视事故的预防，实现从被动应对到主动控制的转变。在实施双重预防机制时，首要任务是风险评估。企业需要对生产流程中可能出现的各种风险进行全面的识别和评估，建立风险数据库，实现风险的动态管理。这不仅包括设备故障、操作失误等直接风险，还应考虑到环境变化、自然灾害等潜在风险。通过对风险的科学评估，企业能够及时发现潜在的事故隐患，采取有效措施予以消除或控制在可接受的范围内。其次，隐患排查治理是双重预防机制的另一重要环节。企业应建立定期和不定期的隐患排查制度，通过日常检查、专项检查、交叉检查等多种方式，确保隐患得到及时发现和整改。隐患排查不仅要覆盖面广，还要针对性强，不能流于形式。对于发现的每一个隐患，都要按照“五定原则”（定责任人、定整改措施、定整改资金、定整改时限、定应急预案）进行整改，确保每一项隐患都能得到有效控制。

第一节　地勘单位 IACA 事故隐患排查治理模型

事故隐患排查治理是降低事故发生概率的前提条件。地勘单位施工地域广，涉及专业多，工作区域多处于地形复杂、高海拔、交通不便的艰险地区，存在的事故隐患种类较多，无形中增加了排查治理难度（如图 2-1、图 2-2 所示）。目前，地勘单位事故隐患排查治理基本属于事后补救型，隐患排查模式和方法较为单一，对于事故隐患规律缺乏系统的研究和把握，急需建立一种基于事故隐患规律的动态排查治理模型。近年来，国内学者针对建筑、煤矿等领域的隐患排查治理开展了广泛的研究，虽然研究成果对于地勘事故隐患排查治理具有一定借鉴意义和参考价值，但现有的研究成果多集中于事故隐患的分类分级和静态管理方式方法探讨，对于事故隐患发生规律和排查治理模型研究较少，且与地勘的工作特点结合不够紧密。

图 2-1　草原地质勘查工作区

一、IACA 事故隐患排查治理模型含义

IACA 事故隐患排查治理模型是根据安全系统分析方法和管理原理并结合地勘单位隐患排查治理现状提出的一种管理模型，目的是通过模型的构建提高隐患排查的准确性和治理措施的有效性。该模型主要由 4 个子模块构成，依次

图 2-2　荒漠地质勘查工作区

为隐患辨识（Identify）、数据分析（Analysis）、对策制定（Countermeasures）、评价改进（Appraise），简称“IACA 模型”（如图 2-3 所示）。

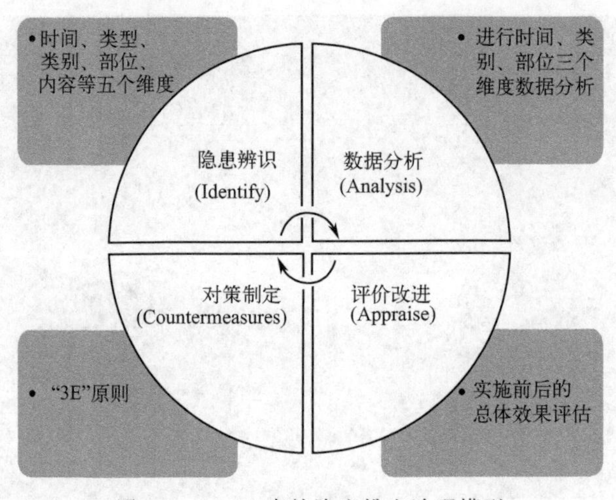

图 2-3　IACA 事故隐患排查治理模型

二、IACA 事故隐患排查治理模型内容

（1）隐患辨识　隐患辨识的准确性对于提高隐患排查治理效果有着至关重要的作用，结合地勘单位风险防控和隐患排查治理工作经验，本书认为从时间、类型、类别、部位、内容等五个维度进行隐患辨识统计较为符合施工现场

工作实际。时间即发现隐患的实际时间节点，一般精确到日。类型是现场性质相同或相近隐患的归纳，主要包括行为类、设备类、设施类、环境类等四种类型。类别指在某一类型下相互区别的隐患，主要包括照明设施、消防设施、避雷设施、配电设施、起重设施、临时用电、外部防护、临设搭建、现场操作、护品使用、警示标志、物料堆放、工器具、环境14项。部位特指在某个类别下隐患存在的具体位置或存在隐患的部件和载体。内容是对某个部位存在隐患的简要描述，一般采用“2W”的描述方式，即“什么部位”＋“怎么样”。

（2）数据分析　数据分析是“IACA”事故隐患排查治理的重要一环，辨识隐患的分析方法和分析结果的全面、准确性直接影响后续对策制定和评价改进效果。施工现场不同的时间段、设备、设施存在的隐患特点有较大差异性。因此，虽然隐患辨识包括五个维度，但是根据事故隐患排查治理的经验，考虑到提高分析结果的差异性和从中提取高频信息的便捷度，本书认为应当从时间、类别、部位三个维度进行数据分析比较妥当。首先，应明确隐患发生的具体时间，将时间数据信息精确到日，如“某年某月某日”。其次，根据内容按照14项分类具体界定隐患类别。最后，在某一类别下明确隐患存在的部位，如将用电设备防护罩、钻机地板、围挡等存在的隐患分别表述为“用电设备防护罩不合格”“钻机地板不合格”“围挡防护不完善”等。

（3）对策制定　事故隐患整改对策的制定应当根据“3E”原则并紧扣隐患数据分析结果进行，“3E”原则即强制管理（Enforcement）、教育培训（Education）、工程技术（Engineering）。强制管理主要是将管理措施形成管理规章、制度、作业规程、操作规程、劳动纪律并通过监督检查保障执行；教育培训是通过安全宣教、氛围营造等手段开展安全操作规程、劳动纪律、典型事故经验教育，提高员工的安全认知程度和自我保护能力；对于设备、设施等类型的隐患可采取工程技术措施予以改造或更新、更换。

（4）评价改进　对策制定或实施后应定期进行对策实施前后的总体效果评估，形成定量或定性评价结果，针对评价结果对实施效果不理想的措施内容进行改进完善，使之更适用于某项隐患的整改，最终形成隐患整改措施数据库，为对策制定和评价改进提供参考。首先，应建立隐患治理对策实施效果对比台账或记录，以隐患为对象记录对策实施前后的治理效果，作为对策效果评价的主要参考依据。其次，对评价效果差的对策予以修正、完善后重新实施，并再次评估治理效果。最后，将实施效果较好的对策措施入库备案，形成“隐患排查治理对策措施数据库”。

三、IACA 事故隐患排查治理模型应用

为检验 IACA 事故隐患排查治理模型的有效性和适用性，选取国内某家拥有多项甲级资质地勘单位为验证对象，采用 IACA 事故隐患排查治理模型对该单位 2013～2016 年安全检查过程中下达隐患整改指令书的隐患进行分析梳理，得出隐患发生规律并制定对策措施。

（1）隐患发生规律分析　隐患发生规律分析有助于把握隐患产生的深层原因和发展趋势，对于建立隐患预防机制，减少生产安全事故具有重要参考作用。

（2）发生时间规律　根据辨识统计结果，3 月份正值节后复工、气候转暖的时段，该时段是隐患的高发时间，隐患数量高达 102 条，而 1 月、2 月、5 月较其他月份隐患数量较少，均在 30 条以下，4 月及 6～12 月隐患数量则较为平均。各月份隐患数量统计见表 2-1。

表 2-1　2013～2016 年隐患发生时间分布　　单位：条

时间	1月	2月	3月	4月	5月	6月	7月	8月	9月	10月	11月	12月
2013 年	2	1	16	7	7	14	11	40	17	23	36	9
2014 年	5	19	12	18	12	20	9	12	16	27	9	7
2015 年	6	0	26	5	6	10	31	15	12	2	11	35
2016 年	0	9	48	26	0	21	15	5	8	9	4	4
合计	13	29	102	56	25	65	66	72	53	61	60	55

（3）类别分布规律　根据辨识统计结果，外部防护、配电设施、临设搭建、临时用电、避雷设施等类别隐患较为集中，发生频率较高，隐患数量均在 60 条以上。数量最多的为外部防护，达到 156 条。而宿舍环境、自然环境、起重设施、现场操作等类别隐患较少，出现频率相对较低，隐患数量均在 10 条以下。各类别隐患数量统计见表 2-2。

表 2-2　2013～2016 年隐患类别统计

类别	现场环境	宿舍环境	自然环境	临时用电	外部防护	避雷设施	警示标志	临设搭建	配电设施	起重设施	消防设施	照明设施	护品使用	现场操作
数量/条	32	2	4	66	156	60	21	80	97	7	42	44	30	7

（4）存在部位规律　根据辨识统计结果，隐患存在数量较多的部位是配电箱不合格、用电设备防护罩不合格、围挡防护不完善、钻探地板不合格、避雷装置安装部件不合格等，隐患数量均在 40 条以上。隐患存在部位数量统计见表 2-3。

表 2-3　2013～2016 年隐患存在部位统计

序号	部位	数量/条
1	用电设备外壳未接地	20
2	用电设备防护罩不合格	61
3	绷绳连接不牢固	17
4	绷绳绳卡安装不合格	23
5	钻塔安装不牢固	17
6	避雷装置接地电阻不达标	19
7	避雷装置安装部件不合格	41
8	现场警示标志数量少	23
9	钻探地板不合格	42
10	围挡防护不完善	43
11	用电电缆设置不规范	23
12	配电箱不合格	65
13	灭火器数量不足	19
14	灭火器失效	23
15	照明灯头设置不合格	29
16	不正确使用安全帽	17
17	未配备防护鞋	13

四、对策措施

根据IACA事故隐患排查治理模型原理在隐患辨识和数据分析后应根据辨识、分析结果制定对策并进行评价改进。因此，本书将针对隐患发生规律分析结果，并结合地勘单位生产经营和施工实际从“3E”管理的角度提出对策措施并进行评价验证。

（1）强制管理措施　一是有侧重地开展安全生产检查。合理安排检查时间，调配现有资源，在隐患高发时间段加密安全检查频次，将 3 月作为安全检查的重点月，开展全面、全时段、全方位的安全大检查。此外，对现场用电设备较多，施工地区雷雨天气多的施工项目重点关注，严密防控。二是有选择性地提高安全前置条件。在选择施工项目分包队伍时将设备防护罩、配电箱、围挡设施、避雷装置作为硬性要求和安全准入前置条件，在进场施工前予以严格把关。三是有针对性地加大安全奖惩力度。对于检查中发现的外部防护、配电设施、临设搭建、临时用电、避雷设施等类别的隐患加大处罚力度，对重复出现的上述类别隐患进行累加处罚。

（2）教育培训措施　一是重点开展施工临时用电知识普及。通过现场安全知识讲堂和班前班后会等短平快的方式宣讲施工临时用电安全知识，详细讲解配电箱使用、用电接地、电缆设置等专业知识以及《施工现场临时用电安全技术规范》(JGJ 46—2005)等规范要求。二是重点进行安全事故案例警示教育。收集由于设备防护不当、临时用电不规范、避雷装置不完善等原因导致的事故案例视频或记录，集中组织施工人员学习，并结合现场实际开展事故应急救援演练。三是重点推广安全标准化建设模式。按照《企业安全生产标准化基本规范》(GB/T 33000—2016)的要求推广安全标准化建设，通过培训使施工人员熟知标准化管理内容，自觉遵守相关要求。

(3) 工程技术措施　一是实施设备设施更新改造。统一制作临时用电标准化配电箱、设备安全防护罩、施工现场避雷装置等，对达不到要求的设备设施进行更新改造。二是建立事故隐患治理数据库。通过数据库对现场发现的隐患进行跟踪处理，了解隐患整改程度和完成期限。三是定期对隐患整改措施进行分析。建立内部隐患整改措施评估机制，每隔一个阶段对上一阶段的整改措施进行评估。

第二节　地勘工程建设项目全过程风险管理评价模型

工程建设项目是地勘单位生产经营的最基层组织单元，同时也是各项管理工作中的最直接责任单元。项目目标管理、实施运行、过程控制质量直接决定了地勘单位的生产经营效益和长远发展前景。全过程管理已成为工程建设项目管理的主流。而目前地勘单位工程建设项目全过程管理总体水平较低，应当基于“全面风险管理”和“大安全”理念进行标准化评价模型研究，明确风险管理内容，细化考核要求，提升工程项目风险管理标准化水平。

一、地勘工程建设项目全过程风险管理要素分析

地勘工程建设项目管理涉及管理业务归口部门多、业务交叉、风险影响因素复杂多变，提取符合工程建设项目特点的风险管理要素比较困难。结合地勘工程项目管理流程和风险特点对全过程风险管理标准化要素进行了深入分析和研究，将风险管理要素划分为2个层级，3个准则层，20个评价要素。

(一) 前期准备

包括项目获取、项目策划、合同管理、项目部组建、项目开工审批等5个

评价要素。

1. 项目获取

应详细测算项目利润率、前期投入成本和工程分包条件等因素，避免因成本核算不准确盲目投标或低价中标后无法正常运行。

2. 项目策划

项目实施前应全面调查分析工期因素、环保要求、施工季节、地质条件、技术要求等影响项目运行的关键要素，结合施工设备产能、劳务队伍施工能力、工程材料供给能力、项目管理人员综合管理能力确定项目所需设备、材料供应、管理人员等。

3. 合同管理

坚持事前预防工作机制，严格履行决策和审批程序，对合同标的必须进行调查论证或风险分析，确保合同签订程序、内容合法合规。

4. 项目部组建

应根据上级下达的目标任务书，结合投标（任务书）预算、施工实际编制成本预算，建立健全组织机构，合理配备齐全且能够胜任项目管理需要的人员，明确工期、质量、安全（环保）、成本、廉政等任务目标。

5. 项目开工审批

实行开工审批备案制，项目开工前应确保项目部全体人员已到位并熟知本项目管理要求，主要设备设施能够满足安全生产条件，建立项目人员、设备设施清单。

（二）实施运行

包括进度管理、成本管理、安全管理、质量管理、环保管理、设备及材料管理、分包方管理、内部沟通、印章管理、党建宣传、纪检监察、档案及信息化管理、风险管理等评价要素。

1. 进度管理

一是编制切实可行的施工总进度计划及保障措施，施工过程中采取动态管控，对照、分析、发现实施中的偏差。二是根据合同约定，及时准备进度款资料，做好因甲方或不可抗拒原因造成工期延误索赔、工期延长签证的资料存档。三是定期提交工作周报（重点项目）、月报、季报、半年报、年报及未按工作计划完成工作专项报告。

2. 成本管理

一是加强材料采购、人工费支出以及项目预算等环节管理，按照事先控制（投标预算）、过程控制（成本预算）和事后控制（成本分析）定期进行成本测算，落实三算对比和预警机制，有效降低项目成本，提高项目利润率。二是强化财务约束、工程项目核算和结算管理，准确反映工程项目经济运行情况，明确结算程序和要求。三是根据税收政策进行税务筹划，制定合法合规、有针对性、可操作的纳税方案。

3. 安全管理

一是落实全员安全生产责任制和一岗一清单，照单履职，照单问责。二是配齐安全管理人员，确保项目部安全生产责任管理落实到位，保证特种作业人员持有效特种作业操作证上岗。三是建立执行风险辨识和隐患排查治理双重预防机制，提高检查力度、检查频次、隐患治理力度及效果。四是保证安全生产费用投入，实施全员安全教育培训，建立作业人员安全培训信息库。五是落实分包方安全管理责任，将所有作业人员纳入项目统一管理。六是建立健全突发事件应急处置机制，组织开展应急培训和演练，提高事故应急处理能力。

4. 质量管理

一是坚持事前预控、事中检查、事后验收的全过程质量管理，根据项目实际情况，建立完整的项目质量管理和保证体系。二是强化项目质量过程控制，把好分部、分项工程和工序质量关，健全完备的质量验证、抽检、登记、签证程序。三是研究工程项目质量控制关键环节，制定治理控制方案，确保各工序合格、有序。

5. 环保管理

全面了解熟知施工所在区域环保要求，及时与相关方做好沟通，制定和落实环保方案，识别管控现场各类环保风险因素，杜绝发生环保事故和环境违法行为。

6. 设备及材料管理

应根据目标进行资源计划、配置、控制，建立材料领用管理台账和领用发放制度，建立健全材料购买、转接、消耗台账，提高资源周转率。加强设备、材料进场检验和使用管理，租用设备维修、保养纳入设备日常管理。

7. 分包方管理

应规范分包单位、劳务队伍选择程序，明确选择和审查办法，核实委托人身份、授权情况、单位资质和人员证件原件，明确双方在工期、费用、质量、安全、作业人员培训和工资发放等方面的职责和义务。

8. 内部沟通

应建立健全内部沟通机制，有效运用计算机信息管理技术进行信息收集、归纳、处理、传输与应用工作，建立有效的信息交流和共享平台。

9. 印章管理

严格执行项目印章管理办法，做好项目印章保管、使用、交回等管理工作。

10. 党建宣传

应成立临时党支部，搭建项目党建宣传平台，开展形式多样的党建宣传，发挥党建引领、宣传、动员、示范作用，提高项目管理效能，全面提升项目管理人员的综合能力。

11. 纪检监察

项目配备纪检专员，加强工程项目廉洁风险防控，对项目的反腐倡廉教育情况、项目内部承包合同签订、分包工程合同签订、设备和材料采购租赁、资金使用、业务招待等情况进行监督。

12. 档案及信息化管理

全面收集项目生产组织、经济、技术质量、安全管理等文件资料，保证工程实施全过程的原始记录、竣工验收资料的真实性和完整性，严禁擅自修改、伪造和事后补做。

13. 风险管理

应进行全周期风险识别、风险分析和风险评估，建立项目风险数据库，定期进行风险防控教育培训。

（三）总结评价

总结评价包括竣工结算、总结归档等评价要素。

1. 竣工结算

应根据合同约定，做好项目结算资料提交，及时完成竣工结算、质保金退还以及回款、保修、归档等工作。

2. 总结归档

及时完成资料整理收集，将安全、质量、工程技术资料等移交相应对口部门并做好移交台账，编写项目管理总结，并与目标策划进行对比，对较大偏差进行分析总结。

二、地勘工程建设项目全过程风险管理标准化评分

为便于对地勘工程建设项目全过程风险管理进行量化分级，依据综合安全评价指标权重分析结果和安全风险评价模型，编制了风险评分表，该表将风险评价总分设置为1000分，其中：前期准备300分、实施运行600分、总结评价100分，在进行风险评分时对于项目实际不存在的评分项目应扣除该项未评分项目的分值，再计算实际评分项目的得分率，按千分制换算为最终得分。

计算公式如下：

实际得分＝各级评分项目累计得分÷（1000－项目不涉及评分内容）×1000。四舍五入，保留整数（见表2-4）。

表2-4　地勘工程建设项目全过程风险管理标准化评分表

序号	一级评分项	分值	序号	二级评分项	分值/分	序号	三级评分项	分值/分
1	前期准备 B_1	300	1	项目获取 C_1	50	1	项目利润率、前期投入成本和工程分包条件测算	30
						2	项目意向书、委托书、中标通知等施工资料	20
			2	项目策划 C_2	40	3	影响项目运行关键要素分析	10
						4	设备、材料供应、管理人员匹配度	10
						5	盈利关键点以及项目实施潜在风险	20
			3	合同管理 C_3	80	6	合同标的调查论证或风险分析	30
						7	合同决策和审批	30
						8	合同台账、合同文本、合同审批流程资料	20

续表

序号	一级评分项	分值	序号	二级评分项	分值/分	序号	三级评分项	分值/分
1	前期准备 B_1	300	4	项目部组建 C_4	30	9	项目组织机构	10
						10	任务目标	5
						11	技术、质量、经济、安全、风险等管理职责落实	15
			5	项目开工 C_5	100	12	开工申请审批	10
						13	主要设备设施	10
						14	项目人员清单	10
						15	全员安全生产教育培训和技术交底	30
						16	安全生产、环境保护措施	10
						17	开工前安全风险隐患排查和安全生产检查	30
2	实施运行 B_2	600	6	进度管理 C_6	50	18	施工总进度计划及保障措施	10
						19	项目回款与付款	20
						20	工作周报、月报、季报、半年报、年报及专项报告	20
			7	成本管理 C_7	50	21	费用、劳动、材料消耗定额和预算	20
						22	材料采购、人工费支出以及项目成本测算	20
						23	税务筹划	10
			8	安全管理 C_8	120	24	全员安全生产责任制	20
						25	安全生产管理人员、特种作业人员配置	10
						26	风险辨识和隐患排查治理双重预防机制	20
						27	安全生产费用投入	10
						28	全员安全教育培训	20
						29	分包方安全管理	20
						30	应急处置、培训和演练	20
			9	质量管理 C_9	80	31	项目质量管理和保证体系	10
						32	分部、分项工程和工序质量	30
						33	质量验证、抽检、登记、签证	20
						34	自检、互检、交接检	10
						35	质量控制方案	10
			10	环保管理 C_{10}	60	36	环境保护方案	15
						37	环保风险因素识别	15
						38	环保事故和环境违法行为	30

续表

序号	一级评分项	分值	序号	二级评分项	分值/分	序号	三级评分项	分值/分
2	实施运行 B_2	600	11	设备及材料管理 C_{11}	60	39	材料领用管理台账和领用发放制度	10
						40	材料购买、转接、消耗台账	10
						41	设备、材料进场检验	20
						42	租用设备维修、保养	20
			12	分包方管理 C_{12}	30	43	分包单位、劳务队伍选择	10
						44	分包方培训	10
						45	分包方监督检查	10
			13	内部沟通 C_{13}	10	46	内部沟通机制	5
						47	信息交流和共享平台	5
			14	印章管理 C_{14}	10	48	印章保管、使用、交回	10
			15	党建宣传 C_{15}	20	49	党建引领、宣传、动员、示范	20
			16	纪检监察 C_{16}	20	50	工程项目廉洁风险防控	10
						51	反腐倡廉教育	10
			17	档案及信息化管理 C_{17}	30	52	生产组织、经济、技术质量、安全管理等文件资料	20
						53	成文信息编制、审批、变更、存放、作废销毁及归档管理	10
			18	风险管理 C_{18}	60	54	风险应对措施	20
						55	风险数据库	10
						56	风险防控教育培训	30
3	总结评价 B_3	100	19	竣工结算 C_{19}	70	57	项目结算资料提交	30
						58	竣工结算、质保金退还以及回款、保修、归档	40
			20	总结归档 C_{20}	30	59	资料整理收集、移交	10
						60	项目管理总结	10
						61	服务对象回访及顾客满意程度调查	10
合计		1000			1000			1000

第三章

地质灾害治理

我国山地丘陵区占国土面积的比例较大，地质条件复杂，构造活动频繁，崩塌、滑坡、泥石流、地面塌陷、地裂缝、地面沉降等灾害隐患多、分布广、防范难度大。近年来，虽然中央和地方政府不断加大地质灾害防治资金投入，但地质灾害防治工程项目多处于地形复杂、环境恶劣、地质灾害风险高的偏远山区，不可控因素较多，增加了安全管理的难度，同时也增大了安全生产事故发生的概率。

地质灾害治理是指为防治地质灾害而修建的各种治理性和防护性的工程措施，主要包括截（排）水工程、预应力锚固、抗滑桩、格构锚固、抗滑挡土墙、生物防护、回填、注浆等，是一个多工种、多工序互相协作配合的系统工程。施工多在人烟稀少、交通通信不便、地理和气象条件复杂的地区，事故具有很高的不确定性、复杂性和随机性，传统的地质勘探项目安全管理模式已不适用于当前地质灾害防治工程项目的实际要求，因此，应当在综合安全评价的基础上对地质灾害治理施工项目进行有效分级管理，对安全风险较大的项目实施重点监管，提高项目安全管理效率。

第一节　地质灾害治理施工项目风险因素评价

一、主要风险因素“LEC”值的确定原则与方法

1. 主要风险因素“LEC”值的确定原则

该方法用与地质灾害治理施工单项工程和自然因素风险有关的三种因素指

标值的乘积来评价风险大小，三种因素分别是L（事故发生的可能性）、E（人员暴露于危险环境中的频繁程度）和C（发生事故的可能后果）。再以三个分值的乘积（危险性）来确定风险值D。

2. 主要风险因素量化分值标准

见表3-1～表3-3。

表3-1　事故发生的可能性（L）分值表

分数值	事故发生的可能性
10	完全可以预料
6	相当可能
3	可能，但不经常
1	可能性小，完全意外
0.5	很不可能，可以设想
0.2	极不可能
0.1	实际不可能

表3-2　人员暴露于危险环境中的频繁程度（E）分值表

分数值	人员暴露于危险环境中的频繁程度
10	连续暴露
6	每天工作时间内暴露
3	每周一次或偶然暴露
2	每月一次暴露
1	每年几次暴露
0.5	非常罕见暴露

表3-3　发生事故的可能后果（C）分值表

分数值	发生事故的可能后果
100	10人以上死亡
40	3～9人死亡
15	1～2人死亡
7	严重
3	重大，伤残
1	引人注意

二、主要风险因素辨识范围选定原则

地质灾害治理施工项目的安全风险和施工隐患发生概率主要受施工内容和单项工程施工难易程度的影响，如采坑回填、矿山复绿、截排水工程的施工难度较低，存在的安全风险较少。安全管理的核心是降低事故发生概率，应当将辨识评价的侧重点放在砌石坝施工、毛石混凝土挡土墙施工、削坡施工、浆砌毛石护坡施工、边坡挂网喷砼（混凝土）施工、锚索施工以及人工挖孔桩施工等，将风险度较高、易导致人身伤害的风险作为主要管理和防控对象。因此，本书结合施工实际对地质灾害治理中风险较高的自然环境影响因素和单项工程进行风险因素辨识，辨识评价结果（见表 3-4）。

表 3-4　地质灾害治理施工主要风险因素辨识评价表

序号	单项工程或自然环境影响因素	主要风险因素	事故发生的可能性大小(L)	人员暴露于危险环境中的频繁程度(E)	发生事故的可能后果(C)	风险值(D)
1	砌石坝施工	平整场地引发的物体打击伤害	6	6	1	36
2		开挖沟槽引发的物体打击伤害	6	6	1	36
3		搬运、砌筑毛石造成的物体打击伤害	6	6	3	108
4		砌筑坝体时不系安全带引发的高处坠落伤害	6	6	1	36
5		施工人员配合不协调、注意力不集中引发的物体打击和高处坠落伤害	6	6	3	108
6		块石回填过程中造成的物体打击伤害	6	6	1	36
7		人员未配备劳动防护用品造成的物体打击伤害	6	6	1	36
8		脚手架搭设不合格引发的人员高处坠落伤害	6	6	3	108
9	毛石混凝土挡土墙施工	平整场地引发的物体打击伤害	6	3	1	18
10		基槽开挖时引发的物体打击伤害	6	3	1	18
11		人员浇筑毛石砼踩空引发的高处坠落伤害	6	6	3	108
12		砼浇筑模板加固不合格造成的物体打击伤害	3	6	3	54
13		工程材料强度不够导致的物体打击伤害	3	6	3	54
14		人员未配备劳动防护用品造成的物体打击伤害	6	6	1	36
15		酒后上岗引发的高处坠落、物体打击伤害	6	6	3	108

续表

序号	单项工程或自然环境影响因素	主要风险因素	事故发生的可能性大小(L)	人员暴露于危险环境中的频繁程度(E)	发生事故的可能后果(C)	风险值(D)
16	削坡施工	挖掘机操作人员无证上岗造成的物体打击伤害	3	6	3	54
17		开挖过程中土层崩落、坍塌造成的物体打击伤害	3	6	7	126
18		作业点积渣坍塌、浮石滚落引发的物体打击伤害	3	6	3	54
19		装载机操作人员不熟练引发的物体打击伤害	3	6	3	54
20		土方清运不及时或堆载过高造成的伤害	3	6	3	54
21		多台机械在同一工作面施工时未保持适当安全距离造成的伤害	6	3	3	54
22		逆向施工造成的人员伤害	6	3	3	54
23		施工时未做好现场隔离导致的人员伤害	6	6	1	36
24		人员未配备劳动防护用品造成的物体打击伤害	3	6	7	126
25		酒后上岗引发的高处坠落、物体打击伤害	6	6	3	108
26		上下同时开挖土方造成的人员伤害	3	6	3	54
27		电镐等电动机械使用不当造成的物体打击伤害	3	6	3	54
28		电动机械电缆破损造成的人员触电伤害	3	6	3	54
29	浆砌毛石护坡施工	边坡土方清理时配合不协调造成的人员物体打击伤害	6	3	3	54
30		切割破碎石料时未配备劳动防护用品造成的物体打击伤害	6	6	3	108
31		脚手架搭设不合格引发的人员高处坠落伤害	3	6	3	54
32		基面清理时人员注意力不集中导致的物体打击伤害	3	6	3	54
33		水泥、砂浆质量不合格导致的坡面坍塌伤害	3	6	1	18
34		人员砌筑时不系安全带造成的高处坠落伤害	6	6	7	252
35		酒后上岗引发的高处坠落、物体打击伤害	6	6	3	108
36	边坡挂网喷砼施工	清理边坡松土、危土时引发的物体打击伤害	3	6	3	54
37		挂网喷砼不及时导致的土体崩解伤害	1	10	3	30
38		敷设钢丝网时操作不当造成的伤害	3	6	3	54
39		酒后上岗引发的高处坠落、物体打击伤害	6	6	3	108
40		脚手架搭设不合格引发的人员高处坠落伤害	3	6	7	126
41		人员不系安全带造成的高处坠落伤害	6	6	15	540
42		临边防护不到位造成的人员高处坠落伤害	6	6	15	540

续表

序号	单项工程或自然环境影响因素	主要风险因素	事故发生的可能性大小(L)	人员暴露于危险环境中的频繁程度(E)	发生事故的可能后果(C)	风险值(D)
43	边坡挂网喷砼施工	发电机组未接地引发的人员触电伤害	6	6	7	252
44		配电箱连接不合格引发的触电伤害	6	6	7	252
45		电缆布设散乱造成的人员伤害	6	6	1	36
46		砼喷射机未固定导致的人员物体打击伤害	3	6	3	54
47		砼喷射机操作人员违章操作引发的伤害	3	6	3	54
48		砼喷射机摆放不平或支腿未充分外伸导致的倾翻伤害	3	6	3	54
49		砼喷射机启动、停止顺序错误导致的伤害	1	6	3	18
50		砼喷射机气压表、安全阀检查不及时造成的伤害	3	6	3	54
51		带压拆卸、维修砼喷射机造成的人员伤害	3	6	7	126
52		砼喷射机操作过程中，在喷嘴的前方或左右 5m 范围内站人或通行造成的伤害	3	6	7	126
53		砼喷射机输料软管堵塞造成的人员伤害	3	6	3	54
54		砼喷射机喷嘴系统高压接头故障导致的伤害	6	6	3	108
55	锚索施工	地盘上、下坡面的活石清理不及时造成的人员物体打击伤害	6	6	1	36
56		使用电焊机焊接钢筋时二次线未接地引发的触电伤害	6	6	7	252
57		钻机固定不牢固导致的倾覆伤害	3	6	3	54
58		钻机送水胶管缠绕时用手拉拽造成的伤害	6	6	1	36
59		钻进时人员距离回转钻具过近造成的物体打击伤害	6	6	1	36
60		投放钢锚索时未躲开钢锚索起落范围造成的伤害	3	6	3	54
61		注浆泵灌注水泥浆时管道堵塞压力增高造成的伤害	3	6	3	54
62		解捆钢绞线时未采取防护措施造成的人员物体打击伤害	6	6	3	108
63		张拉机具(液压千斤顶)无防倾倒措施造成的伤害	6	6	1	36
64		张拉机具(液压千斤顶)油管破裂高压油射出造成的伤害	3	6	3	54
65		多台千斤顶未同时顶升造成的伤害	6	6	1	36
66		脚手架搭设不合格引发的人员高处坠落伤害	6	6	3	108
67		上下同时作业造成的人员伤害	6	6	3	108
68		配电、开关箱未装设漏电保护器造成的人员触电伤害	6	6	7	252
69		锚索锁定时操作不当造成的伤害	3	6	1	18

续表

序号	单项工程或自然环境影响因素	主要风险因素	事故发生的可能性大小(L)	人员暴露于危险环境中的频繁程度(E)	发生事故的可能后果(C)	风险值(D)
70	人工挖孔桩施工	空压机传动部位未安装防护罩引发的伤害	6	6	3	108
71		使用电焊机焊接钢筋时二次线未接地引发的触电伤害	6	6	7	252
72		吊机卷扬机传动部位未安装防护罩引发的伤害	6	6	3	108
73		吊机卷扬机钢丝绳磨损严重造成的伤害	3	6	3	54
74		吊机吊钩未设置防脱装置或防脱装置失灵造成的伤害	6	6	3	108
75		孔口未设置移动式活动盖板和安全防护栏引发的人员高处坠落伤害	6	10	7	420
76		桩孔未设置安全警示牌造成的人员高处坠落伤害	6	10	7	420
77		提升设备卷扬机制动装置失灵导致的伤害	3	6	3	54
78		人员上下软梯时踩空导致的高处坠落伤害	3	6	3	54
79		电焊机操作人员无证上岗引发的触电伤害	6	6	7	252
80		孔内作业人员站在吊桶正下方造成的物体打击伤害	6	6	3	108
81		桩孔开挖后未进行有毒有害气体检测造成的人员中毒窒息伤害	3	6	3	54
82		孔内作业人员未穿戴合格劳动防护用品造成的伤害	6	6	1	36
83		孔内作业人员吸烟造成的火灾爆炸伤害	6	6	3	108
84		孔内照明未使用安全电压导致的触电伤害	6	6	7	252
85		孔口周围放置工具、器材造成的物体坠落打击伤害	6	6	3	108
86		桩孔混凝土护臂不合格造成的坍塌伤害	3	6	3	54
87		配电、开关箱未装设漏电保护器造成的人员触电伤害	3	6	7	126
88		孔内边抽水边作业导致的人员触电伤害	3	6	7	126
89		潜水泵、电缆及接头绝缘不良导致的触电伤害	3	6	7	126
90		人员不系安全带造成的高处坠落伤害	6	6	1	36
91		人员未配备劳动防护用品造成的物体打击伤害	6	6	1	36
92		电缆布设散乱造成的人员伤害	10	6	1	60
93		现场使用碘钨灯照明导致的人员触电伤害	6	6	7	252

续表

序号	单项工程或自然环境影响因素	主要风险因素	事故发生的可能性大小(L)	人员暴露于危险环境中的频繁程度(E)	发生事故的可能后果(C)	风险值(D)
94	自然环境影响因素	山洪引发的伤害	3	3	15	135
95		泥石流、滑坡引发的伤害	3	3	15	135
96		悬崖或风口处引发的倒塌伤害	1	3	15	45
97		雷雨天气躲避不当引发的雷击伤害	1	3	15	45
98		雷雨季节未安装避雷针引发的触电伤害	3	3	15	135
99		有毒蛇虫、猛兽伤害	6	10	1	60

第二节　地质灾害治理施工项目风险分级管理

一、风险分级管理的内涵

风险分级管理即根据施工项目安全风险的大小来分配有限的安全管理资源，重点控制存在风险因素多、风险值高、易产生人员伤亡事故的施工项目，风险值越高的项目越应当引起重视，投入主要安全管理资源和精力。

二、风险分级管理的依据及组成原则

风险分级的管理的依据是存在于地质灾害治理施工项目的主要风险因素以及各风险因素的风险总值，其组成原则是“突出风险、综合协调、把握重点”。

三、地质灾害治理施工项目风险分级管理内容

结合地质灾害治理施工主要风险因素辨识评价结果，以风险值为主要判断依据将施工项目风险级别分为3级，分别为高度风险（风险值≥6000）、中度风险（6000＞风险值≥3000）、低度风险（风险值＜3000）。在开工前依据“施

工组织设计”内容，并参照“地质灾害防治施工主要风险因素辨识评价表”将施工项目可能存在风险的风险值进行累加，判断施工项目风险等级，作为分级管理的依据。当工程总体进度超过50%时应重新进行风险等级判定。对于判定风险等级为高度的项目应作为重点监管对象，加大安全管理力量投入和人员调度，加密安全监督检查频次。

第四章 安全生产标准化

地勘单位因其特殊的专业特点和工作性质，安全标准化建设有别于其他行业。自《企业安全生产标准化基本规范》(GB/T 33000—2016) 实施，大部分地勘单位在安全标准化建立和管理方面进行了有益的尝试以及规范化、制度化建设。但标准化实际运行效果并不理想，安全标准化在日常安全管理中未形成完善的运行体系和连贯的管理链条，在作业项目、施工班组的持续性较差，尚未形成适用于地勘单位专业特点的安全标准管理模式，因此，需要结合安全标准化运行中存在的突出问题进行深入分析、研究，找出产生问题的根源，形成一整套适用性强、可操作性好的安全标准化创建模式，从而在根本上提升地勘单位安全标准化管理水平。

第一节 地勘单位“4+ 2”安全标准化应用模式

一、构建原则

统一、协调、互补是“4＋2”安全标准化应用模式的主导理念，以组织协调精准化、实施运行规范化、考核评价精细化、奖惩激励经常化为主要特征，是一种双向、协同、可持续的创新模式。其对安全标准化创建的导向作用体现为三个方面，即融合、协同、可持续。

融合，即实现安全标准化创建过程中教育培训、宣传动员、监督检查等工作深度融合，多种安全管理方法和手段综合运用。协同，即通过软件和硬件的保障使安全标准化创建中各关键节点处于良好的协同状态，互为补充、互相促进。可持续，即以“PDCA”戴明环理论为基础，实现钻石模式的阶梯式上升，使安全标准化创建在该模式下始终处于螺旋上升状态。由此，“4＋2”安全标准化应用模式的构建应以融合、协同、可持续作为基本原则。

二、基本框架

“4＋2”安全标准化创建模式在体系框架上主要分为组织协调、实施运行、考核评价、奖惩激励、软件保障、硬件保障等6个核心模块，涵盖了《企业安全生产标准化基本规范》（GB/T 33000—2016）中的目标职责、制度化管理、教育培训、现场管理、安全风险管控及隐患排查治理、持续改进等核心要素（如图4-1所示）。

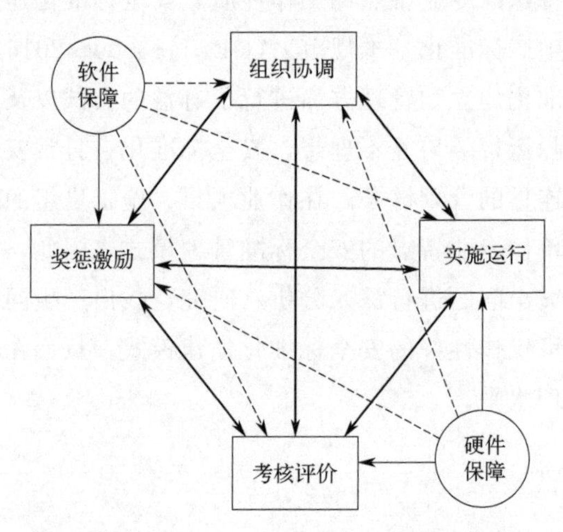

图4-1 “4＋2”安全标准化应用模式

（一）组织协调

组织协调模块对应的核心要素为目标职责。地勘单位安全标准化建设应当完善组织架构，明确工作思路，建立完善的制度体系和运行机制方能取得实效。

1. 完善组织体系，充分发挥综合协调

结合地勘单位施工实际和专业特点，将安全标准化全面融入各个环节，建立良好、高效、系统的标准化运行组织体系。扩大参与面和覆盖面，健全完善的、相关部门高效联动的标准化运行组织架构，建立起包含安全总监、安全管

理人员、项目经理、班组长等 4 类人员，物化探、钻探、地质调查、地灾治理等 4 个专业，总部督导层、专业实施层、项目部执行层等 3 级组织架构。结合管理层级、岗位特点，制定切实可行的管理职责，明确组织架构内各层级人员的工作要求和职能，实现责任的无缝衔接。通过组织体系全面运行不断修正完善各层级组织机构和岗位职责，使其能够在标准化管理过程中更好地发挥综合协调作用（如图 4-2 所示）。

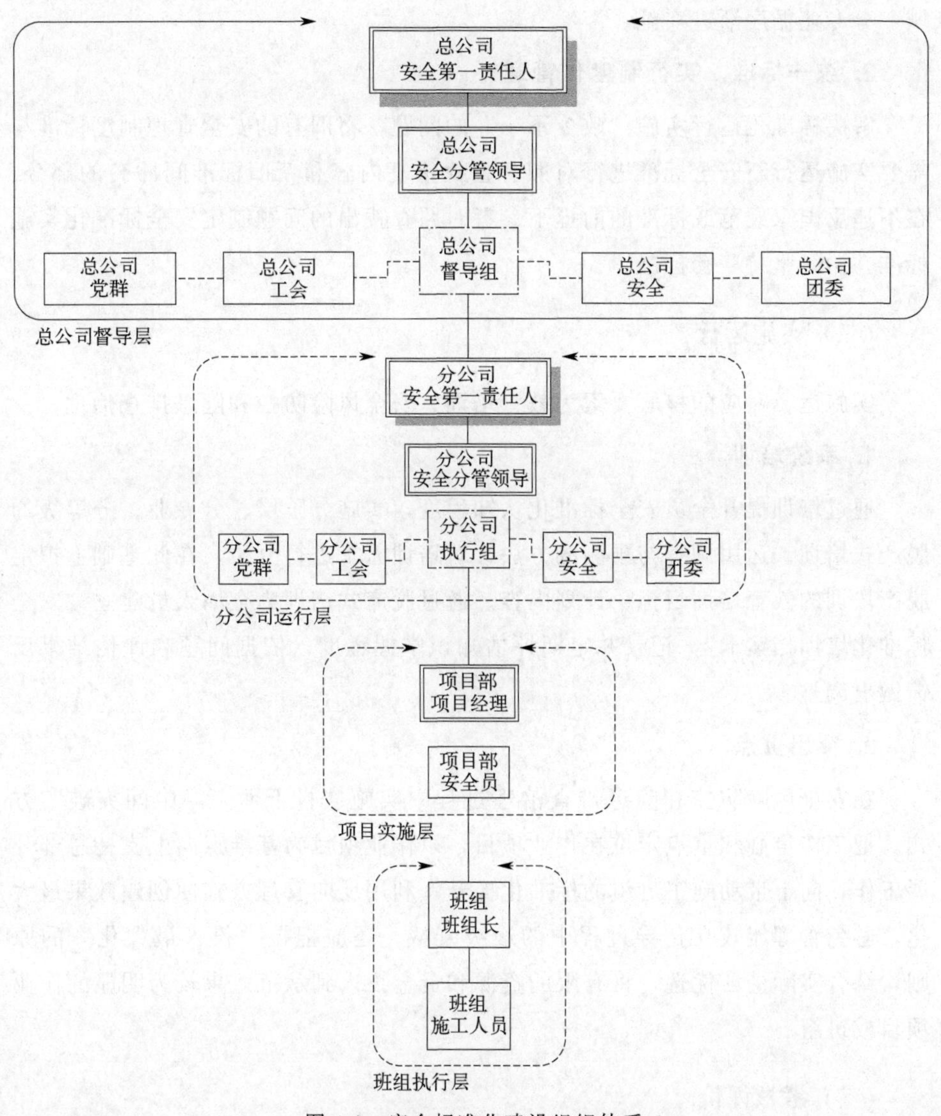

图 4-2　安全标准化建设组织体系

2. 明确工作思路，有序推进相关工作

安全标准化是对原有安全管理体系的修正完善，主要作用是细化安全管理流程，弥补安全管理漏洞。应在运行初期做好调查研究，确定长期的工作思路和工作计划，明确总目标，再从中分解出阶段性或中长期工作目标。按照确定的工作目标制订具体的工作实施计划，并保证实施计划可操作性和实效性。结合各单位实际情况、安全管理总体水平、施工特点和专业特色等分阶段、分区域、分专业循序渐进实施。

3. 统一标准，实行制度化管理

解决标准化运行实施“政令不一”的问题，将旧有的安全管理制度标准与需要实施运行新安全标准进行对照，查找重复内容和新旧标准间冲突的部分。在不违反国家规范或标准的前提下参考对照查找出的问题制定安全标准化实施标准并始终坚持一套标准。

（二）实施运行

实施运行对应的核心要素为教育培训、安全风险防控和隐患排查治理。

1. 系统培训

通过培训提升全员安全标准化认知程度，实施分阶层、分专业、分等级的脱产式培训。运用调查与预测的方法，对培训需求进行分析，在此基础上拟定脱产培训的教育培训目标、计划内容。通过脱产式培训为全体人员建立“安全标准化培训档案卡”，记录并定期评估知识掌握程度，依据问题和评估结果反馈做出调整。

2. 突出重点

在安全风险防控和隐患排查治理过程中实施“自下而上，中间突破”方式，把工作重心和重点定位在作业项目，以作业项目为基准点向上支持总部开展工作，向下带动施工班组的标准化提升，利用反向管理方式使创建效果最大化，避免管理能效在传导过程中的逐级衰减。还应把握“投入最大化”的原则，结合实际论证优选，将有限的资源和资金投入到示范效果较为明显的作业项目或班组。

（三）考核评价

考核评价模块对应的核心要素为持续改进。

1. 坚持“严、细、实”的工作方式。

一是考核要严。要实施全过程考核，结合生产经营实际制订周期性考核计划，对于工作执行不到位、走过场的单位加大处罚力度，对考核中发现的问题立行整改。二是评分要细。细化安全标准化评分内容或评分规则，将考核评分表内容按照“类-项-条”进行细化，能够量化的评分内容应尽可能量化，使评分内容更加清晰，同时加强资料收集和调查研究，根据调研结果不断完善考核评分表各项评分内容分值权重，使权重设置更加科学合理。三是工作要实。严肃考评纪律，加强考核人员管理，严肃处理考核不实的行为，同时建立考评观察员见证机制，即在考核过程中邀请与被考核单位同级的其他单位安全管理人员参加并独立评分，作为最终考核得分的参考。

2. 建立单位安全标准化评级体系

参照《企业安全生产标准化建设定级办法》等规定制定内部评级制度，明确等级划分、评级周期和实施流程。抽调各层级安全专业人员成立安全标准化内部评级小组，专门负责对分公司进行内部评级和年度复审，对于达不到复审要求的分公司予以降级或取消安全标准化等级。在年度绩效考核中根据各分公司年度安全标准化等级给予加分并进行公示。

（四）奖惩激励

奖惩激励模块对应的核心要素为制度化管理。各级单位开展工作的主动性和职工参与创建的积极性直接影响到标准化建设的最终效果和长效机制的建立，而充分奖惩作为“4＋2”安全标准化应用模式中最为重要的一环，是调动职工主动性和提高积极性的关键，核心是做好“一完善二建立”工作。

1. 完善安全标准化绩效考核接口

通过宣贯和培训使各级单位主要负责人能够真正理解将安全标准化纳入绩效考核的意义，接受安全标准化达标指标纳入绩效考核。其次，结合生产经营实际制定安全标准化达标量化指标并设置合理的安全绩效权重与年度生产经营指标一同下达。最后，在考核经营绩效时一同考核安全标准化指标达标情况。

2. 建立职工安全标准化积分体系

一是确定积分项目。明确哪些行为或者结果可以获得积分。积分项目可以是被采纳的意见或建议积分、月季年安全标准化考核积分、参与安全活动积分、安全教育培训考核积分、特殊贡献积分、荣誉获奖积分、安全检查和隐患排查积分、举报制止违章行为积分等。二是确定积分项目配分。积分项目配分要依据各个项目的难度以及对安全标准化创建工作相对价值的大小来确定，如月季年安全标准化考核积分可依据考核评分结果高低奖励不同额度的积分。三是确定积分激励的形式。积分积累到一定程度时，可兑现奖励，主要的奖励项目可包括安全生产先进称号、晋升晋级加分、额外安全津贴等，比如采取星级职工安全津贴制度，即依据积分总额将职工评为不同星级，并享受相应的星级安全津贴和其他安全奖励。四是确定积分管理机制。包括如何累积积分，如何消费积分，职工安全标准化积分账户的管理，以及职工岗位的晋升晋级加分规则等。

3. 建立班组安全标准化荣誉体系

班组安全标准化荣誉体系的建立有助于调动参与安全标准化创建的主观能动性，营造比、学、赶、超的良好氛围。一是明确体系建立原则。班组安全标准化荣誉体系要与安全标准化创建的总目标保持一致，以荣誉激励为主，物质奖励为辅，需要结合生产经营实际统筹规划，突出团队、突出重点、突出专长特色，做到实事求是，公平、公正、公开，构建分层次、分类别的荣誉体系。二是建立班组荣誉评价机制。健全班组安全标准化荣誉评价章程和规范，结合企业文化制定认定办法，明确荣誉评价和授予范围、条件和周期。三是建立班组荣誉档案。建立荣誉档案管理制度并纳入人力资源档案专门管理，通过荣誉档案记录班组在安全标准化创建过程中获得的奖励和做出的贡献。四是加大班组荣誉表彰。加大在安全标准化创建过程中表现突出班组的物质和精神双重奖励，主要包括周期性评选和专项荣誉表彰。

（五）软件保障

软件保障的主要功能是为创建模式中的其他模块提供理论支撑和软件支持，内容主要包括安全标准化实施标准、规范、制度、评分办法等支持文件的收集、整理、制定，创建过程记录资料的分类、记录、保管、归档，宣传视频、影像资料的拍摄、制作等。

（六）硬件保障

硬件保障的主要功能是针对现场管理这一核心要素为施工现场或作业区域提供满足标准化要求的硬件设施配置，如三相五线电缆、施工现场分区牌、临时用电配电箱、防护罩、移动集装箱、钻探材料房等。

第二节　岩芯钻探施工现场“3T7A”安全标准化应用模式

岩芯钻探是固体矿产勘探和验证地质成果的重要手段，同时也是地勘单位施工风险较高、安全隐患较多的一类施工。岩芯钻探过程涉及施工现场临时用电，需要使用钻机、钻塔、绞车、泥浆泵、搅拌机等机械设备，且施工地点、作业环境不固定，随地质设计孔位和矿体方向变化而变化，安全风险控制难度较大，事故发生概率较高（如图 4-3、图 4-4 所示）。近年来，地勘单位不断摸索和尝试岩芯钻探施工现场的安全标准化管理模式，并参照《施工现场临时用电安全技术规范》（JGJ 46—2005）、《地质勘探安全规程》（AQ 2004—2005）等标准、规范不断加强岩芯钻探施工现场的安全管理。虽然取得了一定的成效，但是由于岩芯钻探施工现场的工作条件和场地环境千差万别，无法进行统一的标准化管理和现场布置，严重影响了现场标准化管理的推进和实施。因此，需要结合地勘单位岩芯钻探工作实际，研究一种适用于大部分作业环境的安全标准化应用模式。

图 4-3　山东烟台岩芯钻探施工现场

图 4-4 新疆地区岩芯钻探施工现场

一、“3T7A”安全标准化应用模式的含义

“3T7A”安全标准化管理模式是基于目视化管理理论和“5S”管理原理，针对安全标准化管理中存在的主要问题进行综合分析并提出的一整套适用于岩芯钻探安全管理现状的管理模式。该模式根据现场施工环境将岩芯钻探施工现场归纳为 3 种类型，结合施工专业特点和过程把施工现场划分 7 个区域。“3T7A”中的 3T，即 L 形（L type），正方形（Square type），狭长形（Long and narrow type）；7A，即工作区（Work area）、搅拌区（Mud area）、休息区（Resting area）、管材区（Pipe area）、岩芯区（Core area）、材料区（Material area）、油料区（Oil-bearing area）。

二、“3T7A”安全标准化应用模式的主要内容

1. 3T 岩芯钻探施工现场类型划分及分区设置

岩芯钻探施工由于其专业的特殊性，施工场所具有一定的局限性，大部分施工现场受到地形、自然环境等因素的影响，场地规则程度差。因此，本书通过大量的现场实地调研、场地照片资料收集和综合分析，并征求了 50 名业内专家的意见，将岩芯钻探场地划分为正方形、L 形、狭长形 3 种，并根据不同

类型的场地按照前、中、后（A、B、C）的顺序确定现场分区设置要求，便于标准化的推广和实施。

（1）正方形场地　正方形场地在草原、丘陵、戈壁滩等开阔地区采用较多，场地形状规则，近似于正方形，场地入口一般位于正方形某边的正中。场地设置要求如下：前（A），管材区、岩芯区；中（B），工作区、搅拌区、休息区；后（C），油料区、材料区（如图4-5、图4-6所示）。

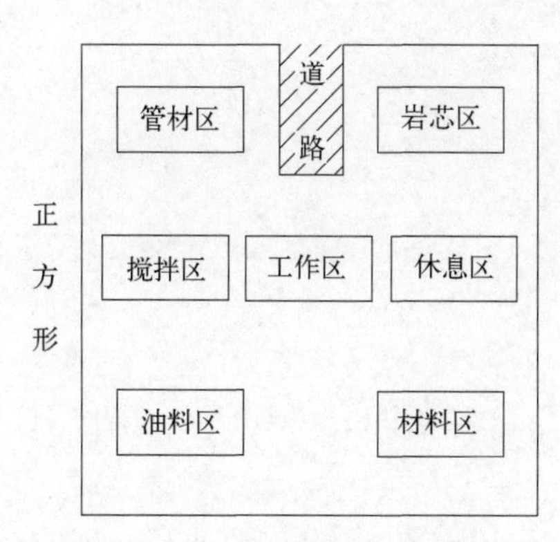

图4-5　正方形场地设置示意图

图4-6　钻探施工正方形场地

（2）L形场地　设计位置靠近城市或乡村道路的钻孔多采用L形场地，整个场地距离道路有一定进深，一侧与道路平行，另外一侧作为进入通道靠近道路。场地设置要求如下：前（A），材料区、岩芯区；中（B），管材区、油料区、休息区；后（C），工作区、搅拌区（如图 4-7 所示）。

（3）狭长形场地　山区、丛林地区因坚硬岩石较多、树木茂盛，清理难度较大，多根据实际需要开凿或清理出一片狭长的区域作为施工场地。场地设置要求如下：前（A），管材区、岩芯区；中（B），材料区、油料区、休息区；后（C），工作区、搅拌区（如图 4-8 所示）。

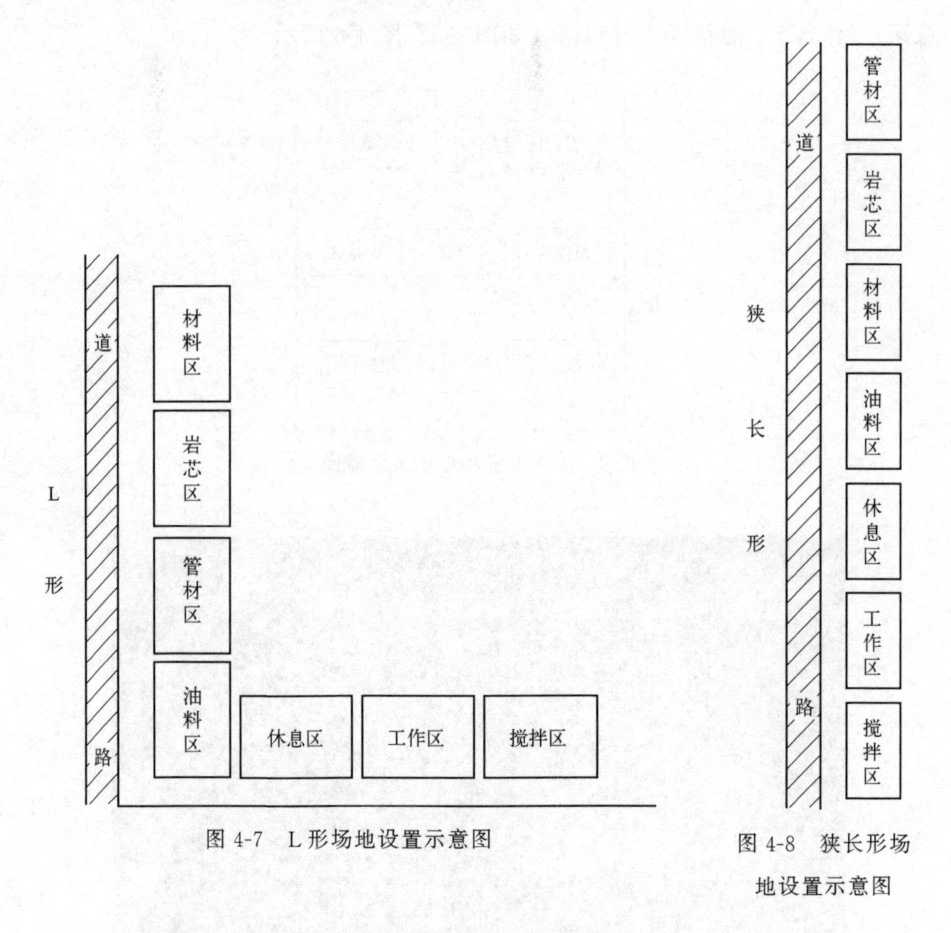

图 4-7　L 形场地设置示意图

图 4-8　狭长形场地设置示意图

2. 7A 施工现场作业分区内容及安全标准化配置

施工现场作业分区管理是“3T7A”安全标准化管理模式的核心内容，钻探过程中使用的设备种类和材料数量较多，管理、组织不善易造成现场混乱，影响施工质量和生产效率的同时还会增加人身伤亡事故风险。因此，通过对大量的岩芯钻探施工现场的分析、观察和有效信息提取，征询相关业内专家、安全管理及施工人员意见将施工现场划分为管材区、岩芯区、工作区、搅拌区、油料区、材料区和休息区，并确定了各区相应的标准化配置及辅助配置内容和相关参数。

（1）管材区　随着勘探深度的不断增加，钻探的孔深也随之加大，大部分钻孔的设计深度在 800～1500m，在钻探过程中需要经常倒换钻杆、提取岩芯，钻探现场需要大量钻杆。钻杆通常为无缝钢管，如果摆放不整齐容易导致人员被绊倒或砸伤。钻杆存放不当或离地高度不够易受潮锈蚀，加快管材损耗。因此，应设置专门的管材区并配备专用的钻杆架进行存放。

（2）岩芯区　岩芯钻探的主要作用是为地质勘探验证提供岩芯样本，岩芯保存的完好程度和质量直接影响到最终的地质勘探报告数据。一个钻孔从开孔达到取芯位置到终孔需要采取大量的岩芯，采取的岩芯全部为露天存放，容易受到雨水、风沙等侵蚀，在施工现场为避免岩芯丢失、损坏应设置岩芯区并采用牢固、结实、易于搬运的岩芯箱存放岩芯（如图 4-9 所示）。

图 4-9　钻探施工现场岩芯区

（3）工作区　工作区是整个施工现场的核心区域，施工人员和设备设施比较集中，危险因素和隐患较多，是安全的重点管控区域。工作区有钻塔、地板、照明灯具、避雷装置等设施以及钻机、泥浆泵、绞车、活动工作台、配电箱等用电设备，防范不当可能发生物体打击、机械伤害、触电、高处坠落等伤亡事故。因此，应当引起高度重视，设置专门的工作区，配备符合标准要求的设施、设备防护装置和临时用电配电箱，将工作区与其他分区隔离。

（4）搅拌区　钻探过程中为了能够冷却钻杆，防止钻孔壁岩石塌落卡钻，需要使用搅拌机对泥浆进行预先混合搅拌后向钻孔内灌注，搅拌后的泥浆经钻孔反出后再通过循环槽流入泥浆池。随着孔深的不断加大，泥浆池的深度和容量也需要相应增大，如果防范不当可能导致人员跌落泥浆池后淹溺或摔伤。因此，应当划分出搅拌区，配备专门的泥浆池护栏并悬挂警示标识，防止人员不慎跌落。

（5）油料区　在偏远山区由于距离村镇较远，需要使用柴油发电机或汽油发电机供电，柴油、汽油等油料的用量较大，使用较为频繁，如果管理不善易造成遗洒，从而导致土壤的污染，应当设置专门的区域对油料进行分类存放并做地面防渗漏处理。

（6）材料区　钻探过程中用到的材料较多，如黄泥、水泥、润滑油、钻探夹具、钻头、零配件等，为便于管理应当配备多层材料架、工具箱等对材料和工具进行分类存放，并在外部搭建防雨棚，防止材料受潮影响使用性能。

（7）休息区　岩芯钻探施工过程中为避免孔内事故并保证岩芯采取质量，一般采用三班倒的不间断作业方式，每班 3～4 人，其中配备班组长 1 人。钻进过程中施工人员注意力高度集中，需要经常操作钻机、起落钻具，体力消耗较大，夏天身体水分流失较多，易疲劳。因此，应当设置休息区供人员在施工间歇饮水、休整并配备急救箱，夏季还应准备防暑降温饮料。

（8）辅助配置　施工现场安全标准化是一个系统的管理过程，不仅限单纯的作业分区管理，还包括安全警示标牌、宣传标语、劳动防护用品、隔离围挡等辅助配置，在安全标准化管理过程中辅助配置与作业分区相互配合构成一个有机整体（见表 4-1）。

表 4-1　岩芯钻探施工现场安全标准化配置表

序号	项目	安全标准化配置	参数
1	管材区	管材架	
2	岩芯区	岩芯箱	
3	工作区	避雷针	接闪器： 引下线： 接地体：
4		塔布	
5		绷绳	绷绳： 地锚：
6		照明灯	
7		地板	
8		配电箱	总配电箱： 配电箱： 开关箱：
9		工具架	
10		垫木	

续表

序号	项目	安全标准化配置	参数
11	搅拌区	泥浆池护栏	
12	油料区	油桶	
13	材料区	材料架	
14		工具箱	
15		废弃物回收桶	
16	休息区	折叠桌椅	
17	辅助配置	安全帽	施工人员:红色 管理人员:橙色 督查人员:白色
18		工作服(夏季、秋季)	施工人员:橙色 管理人员:红色 督查人员:灰色
19		防护鞋	
20		四牌二图	安全责任牌;风险告知牌;单位简介牌;工程概况牌;安全文化理念图;现场平面布置图
21		分区牌	管材区;岩芯区;工作区;搅拌区;油料区;材料区;休息区
22		安全警示标牌	当心滑跌;小心触电;高处坠落;物探打击;机械伤害;禁止明火
23		围挡	彩旗: 挡板:
24		消防设施	灭火器 铁锹

3. “3T7A”安全标准化应用模式运行效果评价

针对“3T7A”安全标准化应用模式的主要内容以及重要程度，通过发放调查问卷、经验判断和专家打分相结合的方法，确定了评价内容、标准和相应的分值，并形成了评分表（见表 4-2）。总分值 100 分，其中基础分 20 分，评价分 80 分。根据分值，85 分以上（含 85 分）为合格，90 分以上（含 90 分）为良好，95 分以上（含 95 分）为优秀。

表 4-2　岩芯钻探施工现场安全标准化评分表

基础分	序号	评价内容		考核标准	分值
	1	场地设置		完全符合 3T 场地设置要求，否则该项不得分	10 分
	2	分区情况		完全符合 7A 分区要求，否则该项不得分	10 分
评价分	序号	评价内容		考核标准	分值
	1	管材区	管材架	管材架符合参数设计，全部管材上架摆放齐整	5 分
	2	岩芯区	岩芯箱	岩芯箱板厚符合参数要求，码放整齐无破损	4 分

续表

评价分	序号	评价内容		考核标准	分值
	3	工作区	避雷针	接闪器、引下线、接地体均符合参数,一项不合格扣1分	3分
	4		绷绳	绷绳、地锚符合参数要求,一项不符合扣1分	2分
	5		照明灯	符合参数要求	2分
	6		地板	符合参数要求	2分
	7		配电箱	总配电箱、分配电箱、开关箱均符合参数要求,一项不符合扣5分	15分
	8		工具架	符合参数要求且工具摆放整齐	2分
	9		垫木	符合参数要求	1分
	10	搅拌区	泥浆池护栏	符合参数要求	3分
	11	油料区	油桶	符合参数要求	2分
	12	材料区	材料架	符合参数要求且材料分类摆放整齐	2分
	13		工具箱	符合参数要求	3分
	14		废弃物回收桶	符合参数要求	2分
	15	休息区	折叠桌椅	符合参数要求	3分
	16	辅助配置	安全帽	质量合格,且能够按岗位正确佩戴	2分
	17		工作服(夏季、秋季)	质量合格,且能够按岗位正确穿着	2分
	18		防护鞋	符合参数要求	2分
	19		四牌二图	牌图内容齐全,一项不符合扣1分	6分
	20		分区牌	符合参数要求,一项不符合扣1分	7分
	21		安全警示标牌	标牌齐全,少1项扣1分	6分
	22		围挡	符合参数要求	2分
	23		消防设施	设施齐全且符合参数要求,少一项扣1分	2分

第三节　生态环境治理项目安全生产标准化评价模型

国外发达国家已将生态修复与治理标准化作为既定的工程实施标准与流程，相较于国外，目前我国大部分生态环境治理项目普遍存在着施工组织规划不到位、安全风险辨识管控不到位、作业现场缺乏协调管理、分包方安全素质差、施工设备设施安全性能低等亟待解决的问题，存在坑边高处坠落、边坡失稳坍塌、机械设备伤害、工程车辆碰撞、落石破碎伤人、深坑积水淹溺等潜在风险和高发、易发事故隐患，管控不到位极易引发生产安全事故和人员伤亡，给企业带来巨大的直接经济损失和负面社会影响（如图 4-10～图 4-14 所示）。

图 4-10　云南地区泥石流治理项目施工现场

图 4-11　矿山环境治理项目施工现场

一、安全生产标准化评价模型

生态环境治理项目现场施工环境复杂多变，涉及施工机械设备种类多，多工种交叉作业，不确定安全风险影响因素较多，提取符合项目作业特点的安全生产标准化管理要素比较困难。根据安全生产标准化管理缺陷及存在的主要问

图 4-12　土地复垦项目施工现场

图 4-13　采空区充填治理项目施工现场充填搅拌站

图 4-14　土地整理项目施工现场土石方清运

题分析结果，重点围绕安全风险大的缺陷及问题，将安全生产标准化评估要素分为 3 个层次，5 个准则层，16 项评价指标。

（一）施工组织规划

施工组织规划应充分结合施工设计方案进行，良好的施工组织规划有助于提升生态环境治理项目施工现场安全生产管理的规范化、标准化程度，能够避免现场布局混乱、安全警示标牌缺失、现场封闭围挡不全等问题。

1. 现场规划布局

项目应进行现场前期踏勘，摸清施工区域内存在的临边、洞口，根据现场实际和施工进度编制切实可行的安全施工规划方案，明确办公区、生活区、作业区的具体位置，形成施工现场平面布置图，在作业区中划分材料区、机械设备停放区、作业人员休息区，实施分区管理（如图 4-15 所示）。

2. 安全警示标牌

临时交通出入口、施工作业围挡、临边、洞口等关键区域和部位设置的安全警示标牌能够起到风险提示和预警的效果。

3. 现场封闭围挡

项目应设置临时交通出入口、全封闭式施工作业围挡，有助于规范运输车辆进出识别登记，避免周边无关人员进入场区受到伤害。

图 4-15 生态环境治理项目施工现场机械设备停放区

（二）安全风险辨识管控

安全风险辨识管控是消除事故隐患的前置手段，项目应将施工区域内的废石堆场、高陡边坡、深坑积水、危岩浮石纳入重点辨识管控范围，明确风险存在部位、可能造成的危害和风险等级，从工程技术、管理、教育培训、应急等方面制定管控措施。

1. 废石堆场辨识管控

废弃矿山环境治理项目属于生态环境治理项目中的一大类，存在大量的尾矿库、尾矿砂等废石堆场，因堆存时间较长产生并释放有毒有害物质，对周围环境造成污染，释放的有毒气体可导致作业人员中毒，项目进场施工前应对区域内存在的废石堆场进行辨识，采取降解措施或设置隔离围挡、警示标志，避免有毒物质扩散。

2. 高陡边坡辨识管控

采空区治理、矿山环境治理项目施工过程中高陡边坡较多，应在坡上工作面临边设置防护栏和警示标牌，预防机械设备高处坠落，在坡下设置挡石、挡土墙，预防土石滚落压埋设备或人员。

3. 深坑积水辨识管控

采空区治理、土地整治项目中存在较多由于历史矿山开采原因造成的废弃矿坑或露天采坑，且大部分坑内存在积水，应在坑边设置硬质围挡，防止人或牲畜掉入受到伤害。

4. 危岩浮石辨识管控

治理区域内的岩体由于长期受到风化剥蚀形成倾角较大的滑塌型危岩体，受到施工中的机械设备震动可能出现滑塌、崩落，应在危岩浮石周围划定泄险区和警戒区域，提前卸载滑塌崩落风险较大的危岩浮石。

（三）现场安全协调管理

项目施工现场安全协调管理包括人员和机械设备安全管理，人员和设备的有序管理能够避免交叉作业造成的现场混乱，提升安全管理质量效率，有效降低安全风险，进而降低安全事故发生概率。

1. 工序部署安排

生态环境治理项目涉及场地平整、渣土清运、削坡卸载、道路铺设、墙体砌筑、水利设施、植被种植等多种工序，各工序之间衔接不顺畅将直接影响施工进度，增加现场安全管理复杂程度。项目应根据各工序安全生产特点和机械设备、人员配备合理安排部署各工序流水和步距，提高安全管理效率。

2. 施工人员管理

项目临时用工人员较多，大部分人员没有接受过正规的安全培训，安全素质较差。项目应加强人员进出场动态管理，充分掌握施工人员个人基本信息、健康状况、专业工种，登记所有进场人员信息，按照作息时间每日进行考勤，建立健全施工人员登记台账、考勤记录。

3. 施工车辆指挥调度

施工现场车辆以挖掘机、翻斗车、铲运机等工程车辆为主，车辆种类多、自重大、存在视野盲区，应对全部车辆信息进行登记，建立施工车辆登记台账、车辆进出场登记台账，施工过程中安排专人进行指挥调度，避免发生车辆伤害、物体打击事故（如图 4-16、图 4-17 所示）。

图 4-16 生态环境治理项目施工现场土石方开挖

图 4-17 生态环境治理项目施工现场车辆运输

(四) 分包方安全生产条件

分包方是施工活动的直接执行者，其安全生产条件间接影响了项目的整体安全管理水平，应提高分包方安全准入条件，选用安全投入充足、劳动防护用品配备到位、人员素质高的分包方。

1. 防护用品配备使用

应督促分包方按照标准为施工人员配发有生产许可证、产品合格证并经验收合格的劳动防护用品，建立劳动防护用品发放台账，在施工过程中监督施工人员正确佩戴使用。

2. 施工人员安全教育培训

施工人员安全教育培训应重点关注流于形式、照搬照抄、代答代签等问题，培训内容要结合项目专业特点和现场实际，分专业、分工种进行，严格按照施工组织设计进行安全技术交底，健全完善施工人员安全教育培训台账、施工人员安全技术交底记录等过程资料。

3. 分包方安全生产投入

分包方安全生产投入主要包括安全管理人员和费用投入两部分，应在分包合同中对安全管理人员配备数量和安全生产费用提取使用比例做出约定，将安全生产费用纳入工程总造价，保障安全管理人员配备到位，劳动防护用品、安全设备设施、安全教育培训、应急演练资金充足。应督导分包方配备现场安全员，制订安全生产费用提取使用计划，建立健全安全生产费用支出使用台账。

（五）施工设备设施安全性能

维护保养、安全防护、陈旧度决定了施工设备设施安全性能，安全性能低下的设备设施是潜在物的不安全状态，在使用过程中易导致作业人员伤害，项目应选用购置年限短、安全防护全的设备设施，并在使用过程中定期进行维护保养，提升安全性能。

1. 设备设施维护保养

定期维护保养能够提升设备设施安全性能，施工过程中应根据设备设施性能和使用频率制订维护保养计划，按照计划定期进行维护保养，建立健全设备设施维护保养记录，避免设备设施带病作业。

2. 设备设施安全防护

安全防护是避免作业人员受到伤害的直接手段，应从出厂日期、零部件磨损、制动性能等方面对其进行安全评价，建立安全性能评价台账，并定期对安全防护情况进行检查。

3. 设备设施陈旧度

陈旧设备设施发生安全故障的风险较高，应在设备设施进场前收集出厂合格证、照片等设备设施信息，建立设备设施登记台账，全面掌握现场在用设备设施的情况。

二、安全生产标准化评价模型应用

为便于对生态环境治理项目安全生产标准化进行量化分级，依据综合安全评价指标权重分析结果和安全风险评价模型，编制了风险评分表，并明确了检查评分要求。该表将风险评价总分设置为1000分，其中：施工组织规划100分、安全风险辨识管控350分、现场协调管理250分、分包方安全生产条件150分、施工设备设施安全性能150分。在进行风险评分时对于该项未评分项的分值应扣除该项分值后再计算实际项目得分率，按千分制换算为实际得分(D)，$800 \leqslant D < 900$为合格，$900 \leqslant D < 950$为良好，$950 \leqslant D \leqslant 1000$为优秀。

计算公式如下：

实际得分＝各级项目得分÷(1000－该项未评分项的分值)×1000。四舍五入，保留整数（见表4-3）。

表4-3　生态环境治理项目安全标准化评分表

序号	一级评分项	二级评分项	三级评分项	分值	得分
1	施工组织规划	现场规划布局	项目施工规划方案	15	
2			作业现场分区	25	
3		安全警示标牌	临时交通出入口标志	5	
4			施工作业围挡	15	
5			安全警示标志标牌	10	
6		现场封闭围挡	现场封闭围挡	30	
7	安全风险辨识管控	废石堆场辨识管控	废石堆场辨识管控	70	
8		高陡边坡辨识管控	高陡边坡辨识管控	110	
9		深坑积水辨识管控	深坑积水辨识管控	70	
10		危岩浮石辨识管控	危岩浮石辨识管控	100	
11	现场协调管理	工序部署安排	工序部署安排	50	
12		施工人员管理	施工人员登记台账(附身份证复印件)	30	
13			施工人员考勤记录	50	
14		施工车辆指挥调度	施工车辆登记台账(附车辆行驶证、驾驶员驾驶证复印件)	30	
15			车辆进出场登记台账	30	
16			现场车辆指挥调度员	60	

续表

序号	一级评分项	二级评分项	三级评分项	分值	得分
17	分包方安全生产条件	防护用品配备使用	劳动防护用品发放台账	20	
18			劳动防护用品使用	30	
19		施工人员安全教育培训	施工人员安全教育培训台账（附培训考核试卷）	40	
20			施工人员安全技术交底记录	30	
21		分包方安全生产投入	现场安全员配备	15	
22			安全生产费用提取使用计划	5	
23			安全生产费用支出使用台账（附费用发票复印件）	10	
24	施工设备设施安全性能	设备设施维护保养	设备设施维护保养计划	10	
25			设备设施维护保养记录	40	
26		设备设施安全防护	设备设施安全性能评价	30	
27			设备设施安全防护情况	50	
28		设备设施陈旧度	设备设施登记台账（附设备出厂合格证、照片复印件）	20	
合计				1000	

第五章

安全文化

安全文化的概念最先由国际核安全咨询组（INSAG）于1986年提出，它是企业文化的最重要组成部分和基础，充分体现着企业的管理理念、观念、宗旨、方针、目标和价值观，对于减少不安全行为，提高企业本质安全化程度具有促进作用。安全文化建设作为未来安全管理的发展趋势和最高级形态正逐步被越来越多的企业所接受，据不完全统计，自《企业安全文化建设导则》（AQ/T 9004—2008）和《企业安全文化建设评价准则》（AQ/T 9005—2008）发布以来我国已有2000家以上的企业在生产实践过程中开展了安全文化建设工作并取得了一定的成效，行业覆盖了矿山、石化、建筑、冶金、道路交通运输、铁路、航空、机械、电子、电力、建材等，而地勘行业作为高技术、高风险行业，作业流动、分散，工作环境恶劣艰险，安全文化建设起步较晚，没有形成具有自身特色的安全文化建设体系，安全文化的促进作用尚未显现。因此，迫切需要研究一套适用于地勘单位的、较为完备的安全文化建设体系，从而提升安全文化建设整体水平。

第一节　地勘单位“Four full”安全文化建设体系

“Four full”安全文化建设体系是结合地勘单位作业地域（场所）流动、人员分散、工作环境条件艰险等特点以及安全文化建设存在的突出问题，并基于安全文化关键要素和基本原理提出的一套适用于地勘单位的建设体系，为体现建设体系完备、完整的特点，建设体系采用轮形结构图表示，主要包括全天候推广、全过程管理、全方位建设、全员参与四个核心，每个核心由多个着力点组成，每个着力点又包含若干管理要素，建设体系结构以安全文化为“靶心”，按照在安全文化建设中的重要程度各核心中的要素呈扇形分布，相邻核心中的要素呈扇面分布（如图 5-1 所示）。

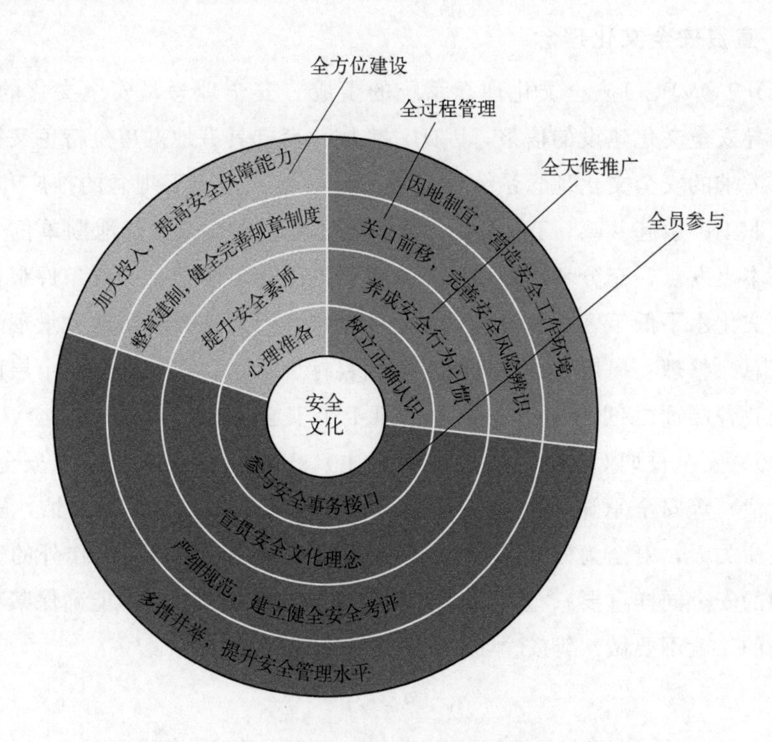

图 5-1　“Four full”安全文化建设体系轮形结构图

一、全天候推广，奠定坚实基础

为避免安全文化建设的停停走走、断断续续等不良现象，充分发挥安全文化对企业安全生产的引领、保障作用，安全文化必须进行全天候的推广，应结合地勘单位作业流动性特点将安全文化建设纳入发展的总体规划和年度计划之中并作为年度安全生产工作重点计划加以推进，同时还要借鉴杜邦公司安全管理模式、菲利普斯公司安全与环境创优计划模式、兴隆庄煤矿“兴隆鼎”安全文化模式等国内外先进安全管理理念和安全文化模式，从抓基层安全文化建设入手，从安全文化宣贯、安全素质提升、安全行为养成三个方面进行推广，通过安全文化的春风化雨，使全体员工形成安全价值的共识和安全目标的认同。通过不断提高安全素质修养，实现自我行为的有效控制，从不得不服从管理制度的被执行，转变成主动自觉地遵章守规，使安全理念内化于心、外化于行，从而实现人人都成为想安全、会安全、能安全的本质型安全人。

1. 宣贯安全文化理念

（1）TOVPCO 安全文化理念系统的生成　安全理念是安全文化的核心，也是指导安全文化建设的信条，因此，生成一套既具有地勘单位特色又符合职工切身需求的安全文化理念系统就显得十分必要。为便于理念的推广和普及，同时在职工中引起共鸣，TOVPCO 安全文化理念系统以契合地勘单位人员特点为基本出发点，充分考虑地质技术人员野外工作时间长、工作条件艰苦、劳务人员文化水平低等客观因素，通过对从基层和野外一线收集的大量理念内容进行汇总、整理、提炼，最终形成了包括目标、承诺、工作理念 3 个层面的理念系统，各层面之间为递进式关系，即 1 个安全目标 Target（安全，健康，零伤亡）；安全誓词 Oath（我的安全我做主）、安全价值观 Values（安全工作，快乐生活）等安全承诺；安全防范理念 Prevention idea（生产再忙，安全不忘；人命关天，安全为先）、安全合作理念 Cooperation idea（工作外的安全和工作中的安全同样重要）、安全操作理念 Operation idea（若不能确保某项工作是安全的，就不要做）等安全工作理念（如图 5-2 所示）。

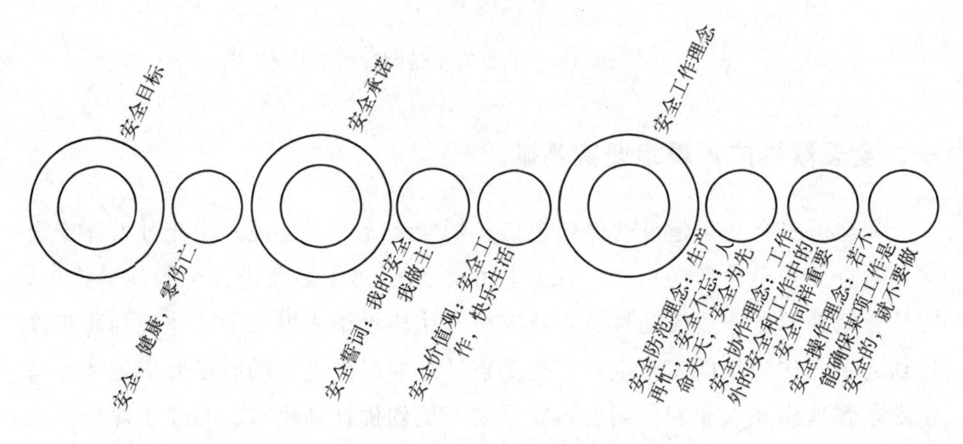

图 5-2　TOVPCO 安全文化理念系统图

（2）安全文化理念的宣贯　要使安全文化理念系统能够渗透到企业安全生

产的全过程、全要素之中，与员工的所想所盼产生共鸣，应当从以下三个方面开展工作：一是准确诠释理念。用生动的野外地质勘探故事、深刻的事故案例、简洁的语言诠释理念内涵和其中的规律，便于员工认知、掌握。二是广泛宣贯理念。除了利用钻探班组班前班后会、班组安全例会、网站、展板、宣传栏等各种媒介进行理念传播外，还要通过安全文化主题学习园地、安全文化长廊、事故案例宣教影片等阵地将理念以图文并茂的形式展现在员工面前；同时借助有效的班组安全文化活动载体，通过动员班组成员人人讲身边的人，写身边的事，开展安全征文、安全演讲等形式，不断由浅入深阐释安全理念，最终使“安全工作，快乐生活”的价值观内化于员工心灵深处，外化于员工行为之上，成为员工的最高行为准则，从而生成强烈的目标感和实现欲，发自内心地搞好安全生产。三是理念的延伸与开发。通过制作《地质调查安全动画片》，编写《钻探施工安全文化手册》《钻探班组安全活动手册》，发放“安全文化毛巾”等营造良好安全文化氛围，同时还要充分发动员工从工作实践出发，总结提炼具有行业特色和岗位特点的安全理念、安全警句，如“既要能挣钱，也要保安全”“手握方向盘，时刻想安全”等，形成上下贯通的理念体系，使安全理念渗透到每个工作岗位、每名员工心中。

2. 提升员工安全素质

钻探施工人员和劳务雇佣人员安全文化素质的提升是地勘单位安全文化体系建设的重要保证，也是安全文化理念能否入脑入心入行关键因素，因此，应当结合钻探施工和劳务雇佣人员特点进行安全教育。一是定做式岗位安全教育。首先，针对新上岗、转岗、复岗员工的特点抓好岗前培训，培训应当从岗位的实际特点出发，坚持理论与实践相结合，通过观看安全案例、现场观摩等形式使员工形成安全是头等大事的感性认识。钻探施工人员培训重点应当突出操作实训，采用“师傅带徒弟”方式，签订“师徒合同”，劳务雇佣人员培训重点是安全理念灌注、岗位应知应会、规程措施宣贯、规章制度学习。其次，针对不同人员所具备的文化、技术程度，采取分专业、分阶层、分等级的方式进行培训，确保培训的针对性和实效性。再次，以全国“安全生产月”“百日安全无事故”“安康杯”等重大安全活动为依托广泛开展全员安全意识培训，在员工中形成大安全观，让安全在每一名员工心目中都根深蒂固。二是体验式安全警示教育。利用组织观看安全警示教育片、安全技术交底会等形式向员工灌输安全知识，通过项目周安全例会、班前班后安全会、安全小专题活动等让员工从小处着眼，从自身出发找问题、找差距，让“三违”人员以案说法，请员工上台讲安全故事、分析事故案例，总结身边或自己发生的安全事故教训等。三是互动式定期安全教育。首先，在作业项目开展每日一题、每周一讲、有奖竞答、安全大讨论、安全大讲堂等内容丰富的互动安全教育活动，鼓励倡导员工多动手、动口、动脑，使员工在安全教育中成为主导。其次，开展现场安全操作互动，要求机长、班长在现场做好安全技术知识的“传、帮、带”，主动询问员工工作中碰到的问题，一起探讨、一同解决，使员工更加直接地了解掌握安全操作的标准。再次，将作业项目日常安全管理中遇到的难点症结以有奖征答、合理化建议的方式征集解决办法，进行“金点子”评选并集中表彰，充分引导员工发挥聪明才智、参与安全管理。

3. 养成安全行为习惯

员工规范的安全行为是实现安全生产的基础环节，也是始终贯穿安全文化建设的一条主线，要实现员工安全行为的养成就要按照“五落实五到位”“横向到边，纵向到底”的原则落实安全生产责任体系，签订《安全生产目标责任》和《安全承诺书》，使“人人肩上有指标”落到实处，同时还要结合地勘单位作业特点开展特色安全培训。一是流动式安全讲堂。目前安全文化宣教普遍采取集中办班、内部发证、定期培训的方式进行，但地勘单位由于受工作流动性大、工期长等因素影响，职工在野外工作的时间较长，平均在7～10个月，因平时无正常休假时间，收队后即回家休息，无法定期或集中参加安全培训。因此，可采用流动式安全讲堂替代传统安全培训，即利用周期性综合安全检查时机对野外工作人员进行安全文化理念宣贯和安全知识灌输，该培训方法既适应了野外作业人员时间不固定的特点，又能够结合项目的专业特点和工作实际改进课程内容。二是示范型模拟演示。地勘单位在野外工作中由于工作需要经常雇佣大量的劳务人员或临时工，而这些人员普遍文化程度较低，对于知识的接受和理解能力较差。因此，可通过示范型模拟演示对其进行安全文化理念讲解宣贯，即利用视频或图片等形式，安排真人对正确的安全操作程序和工作方法进行演示，并对工作中存在的风险和不安全行为进行提示，效果直观，便于记忆强化，能够促使人员安全行为的养成。三是出、收队前安全交底。地勘单位工作区域面积较大，野外作业点较为分散，工作一般采用2～3人一组的分组方式进行，工作过程中各小组之间相距较远，人员只能在出、收队时进行集中，因此，可采用出、收队前安全喊话的方式来强化人员安全意识，即出、收队时进行5～10min的安全喊话，由项目经理或负责人喊出安全工作要求，作业人员口述自身岗位安全要求。

二、全过程管理，完善综合保障

安全文化建设全过程管理的关键是整合优化安全管理资源，使安全管理从经验管理、科学管理向文化管理转变，变安全管理由员工被动管理为员工主动管理，变纪律要我安全向自律我要安全转变，这就需要健全规章制度、细化考核评价机制来养成并强化员工自律行为，通过提前辨识安全风险来培养员工的主动安全防范意识。

1. 整章建制，健全完善规章制度

一是完善制度体系。贯彻落实国家、地方安全法律法规，完善安全生产考核奖惩、隐患排查治理、作业现场安全生产文明施工、安全教育培训等安全生产管理制度，同时还应当结合地勘单位作业流动性大、人员分散的特点制作易于携带、通俗易懂的《地勘安全手册》《钻探安全操作图集》等“口袋书籍”。二是突出安全问责。根据地勘单位特色以及各工种特点，逐级建立并完善安全生产责任制以及作业项目管理人员、班组施工人员、特殊工种岗位责任制，明确规定各岗位工种在安全工作中的具体责任和权利，做到一岗一责制，使安全工作事事有标准、事事有考核、事事有落实。因地勘单位野外作业项目多地处偏远、交通不便，不便于检查考核，因此，可采取“专职安全员蹲点制”，即上一级单位的专职安全员在野外项目开工前进行为期一周的蹲点，督促安全责任落实到位。三是强化安全督查。首先，按照“四不两直”“责任倒查”的方式开展年、季、月、周、天安全检查，实现安全监督检查的“365天不断线”；其次，强化“三违”行为专项治理，实行“三违”日分析、周对比、月考核机制，实现对“三违”的有效治理；再次，突出重点和难点，立足于“抓早抓小”，实施“隐患排查治理整改销号”，做到班班排查、日清日毕、防患未然；最后，建立安全预警机制，成立“专兼职应急救援队”，实现超前预测、超前治理、全面覆盖，有效防止事故发生。

2. 严细规范，建立健全安全考评

一是安全工作考核。按照“优者上、平者让、劣者下”的原则对安全管理人员实施定期考核，及时调整工作应付，不求进步，不称职或不能发挥应有作用的人员，让适合安全管理的人员及时充实到安全管理岗位上，促进安全管理

工作水平的不断提高，对于安全管理岗位上的“稻草人”实行安全岗位津贴和风险抵押金“一票否决”。二是安全绩效考核。按照“一岗双责，党政同责”的要求，实施安全绩效分级考核兑现，严格落实安全风险抵押金返还奖励、安全岗位津贴发放兑现。对履职不实、监管不严、措施不力的安全管理人员和基层安全生产责任人进行“有过”问责和“无为”问责，通过硬化指标、刚性考核、严格奖罚，有效强化现场隐患排查跟踪治理，保证现场安全生产超前分析、全面排查、不留死角。

3. 关口前移，完善安全风险辨识

将辨识的关口前移到施工作业一线，可结合地勘单位工作特点划分安全风险辨识单元，如：按照钻探施工（地表）、钻探施工（井下）、物探作业、化探作业、测量测绘作业、槽井探施工、水文地质工作、地质填图工作、矿产资源调查工作、交通运输工作、地质分析测试工作、地质灾害治理施工、地质调查作业13大类进行安全风险识别和作业安全分析，并将识别分析结果通过培训、宣传等有效沟通方式传递给施工作业人员，从而有效减小施工现场人员的不安全行为发生概率，间接提升安全文化氛围。

三、全方位建设，提供强力支撑

安全文化的全方位建设应当以“TOVPCO”安全文化理念系统为根本，始终将“高标准，严要求”作为贯穿安全文化建设一项根本原则，不断加大安全设备设施投入、不断提升作业项目和施工现场安全管理水平、不断改善员工安全工作环境，为企业安全文化建设提供立体支撑。

1. 加大投入，提高安全保障能力

施工现场安全硬件设施支持不仅能够提高工作效率，还可以创造良好的安全作业环境，避免事故发生，它是安全文化建设的物质基础，也是企业安全文化建设的必然要求。地勘单位大部分工种无固定作业场地，仅钻探施工场地较为固定，因此，可将“钻探施工安全标准化现场”作为安全硬件投入重点，根据隐患分布规律，应从临时用电、安全防护、安全宣教、临设围挡4个方面入手配备“三级配电两级保护”配电箱、泥浆池围挡、工具架、管材架、安全警示牌、避雷设施、设备接地极、劳动保护用品等，为现场安全施工提供可靠保障。

2. 多措并举，提升安全管理水平

地质勘探作业项目和施工现场是开展安全文化建设的“桥头堡”，在全方位建设中应当立足安全文化建设目标、明确安全责任标准、转变方式职能、狠抓弱项难点、着力解决突出问题。一是加强学习培训，提高安全文化意识。选派优秀安全管理人员参加高质量的外部安全文化交流学习，借鉴国内其他行业的安全文化建设成熟经验，并针对交流学习成果组织专题讨论，提高各级安全管理人员的安全文化意识，加深认识程度。二是实行安全文化“四步法”，转变方式强职能。通过创新思路，转变观念，赋予安全管理人员、项目经理、项目安全员、现场班组长新的“职能”，实行以安全管理人员确定要求、项目经理总体把控、项目安全员现场把关、现场班组长具体落实的作业项目安全文化管理“四步双向循环法”（如图 5-3 所示）。由班组长每天对安全文化建设和施工安全情况进行检查把关，将发现的问题提交项目安全员研究解决，项目经理负责对每周检查的问题进行核对，对其中重大问题组织分析加以解决并及时与上级安全管理人员进行沟通，上级安全管理人员针对重大问题提出改进措施并监督落实。管理方式的转变，一方面能够将安全管理的重点从结果考核转变到过程控制上，另一方面使基层安全管理人员参与到安全文化建设中来，充分发挥其管理主体的作用，延伸了管理触角，改善了管理效果。三是狠抓弱项难点，补齐短板促升级。首先定期召开安全文化创建工作推进会议，将安全文化建设工作纳入作业项目月度和周安全例会议题，对症结问题进行“会诊”和“对症下药”，对上级安全文化建设要求进行最大限度的细化、量化，增强可操作性，有效消除安全文化建设中的不严、不细、不实问题。

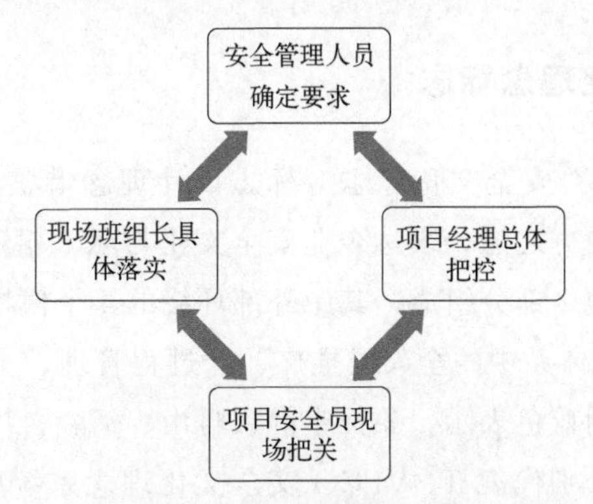

图 5-3　作业项目安全文化管理“四步双向循环法”

第二节 “Four full”安全文化建设体系应用

为提升地勘单位安全文化建设水平，中国冶金地质总局山东正元地质勘查院结合地勘单位的特点，基于全天候推广、全过程管理、全方位建设、全员参与等四个核心提出了“Four full”安全文化建设体系和“TOVPCO安全文化理念系统”等特色安全文化建设方法。通过“Four full”安全文化建设体系的应用进一步完善了安全文化体系和相关工作机制，安全文化建设水平得到大幅提升，并被中国安全生产协会命名为“全国安全文化建设示范企业”。

一、制定安全文化制度标准

一是编制《安全文化手册》。主要内容包括安全文化标志、安全文化愿景、安全文化理念、安全行为准则、安全生产制度、安全科技文化、安全诗歌警语、安全文化故事、安全文化建设模式和安全文化歌曲等10篇。二是编制《岩芯钻探施工现场安全生产标准化图集》。主要内容包括个体防护装备、安全标志牌图、场地布置、工作区配置、搅拌区配置、材料区配置、休息区配置、应急设施、消防设施、卫生设施等10项。三是编制《矿山环境治理施工现场安全生产标准化图集》。主要内容包括个体防护装备、安全标志牌图、施工场区布置、休息区配置、应急设施、消防设施、卫生设施等7项。

二、生成安全文化理念标志

(1)“正元地勘”安全文化标志　标志设计理念借鉴《易经》乾坤概念，取天圆地方、外圆内方之意，表达企业安全文化与职工相辅相成、相互融合的状态。标志由天和地2部分组成，其中外部环绕的4个模块，分别代表“Four Full”安全文化建设体系中的全天候推广、全过程管理、全方位建设、全员参与等4个核心，使用蓝色表示，象征宁静、自由、清新。中间呈圆形环绕相互交叠的6个模块，分别代表TOVPCO安全文化理念系统中的1个安全目标、2项人身安全理念和3种安全工作理念。其中：红色寓意热情、活泼、吉祥、乐观，代表安全目标；黄色寓意灿烂、辉煌，代表安全誓言；绿色寓意清新、健康、希望，象征生命，代表安全价值观；橙色寓意炽烈的生命和活力四射的青春，代表安全防范理念；银色寓意纯洁、安全、永恒，代表安全合作理念；棕色寓意沉稳、朴实，代表安全操作理念（如图 5-4 所示）。

安全文化
SAFETY CULTURE

图 5-4 “正元地勘”安全文化标志

（2）“Four Full”安全文化标志 标志设计理念借鉴“谢尔宾斯基三角形”分形理论，由 4 个三角锥体组成，其中每个三角锥体代表 1 个核心，每个核心由三个等腰三角形面构成，每个等腰三角形面代表一个着力点，中心为全员参与、上部为全天候推广、左侧为全过程管理、右侧为全方位建设，依次使用黄色、蓝色、绿色、红色表示，全天候推广、全过程管理、全方位建设 3 个核心环绕在全员参与核心周围形成闭环的“四位一体”，充分体现了各核心之间的相互配合，协同互补。其中：黄色寓意灿烂、辉煌，代表全员参与；蓝色寓意宁静、自由、清新，代表全天候推广；绿色寓意清新、健康、希望、安全、平静，代表全过程管理；红色寓意热情、活泼、吉祥、乐观，代表全方位建设（如图 5-5 所示）。

FOUR FULL

图 5-5 “Four full”安全文化标志

第三节 地勘单位“5734”安全文化建设改进模型

地勘单位“5734”安全文化建设改进模型是在总结归纳“Four full”安全文化建设体系实践应用经验的基础上生成的，能够更好地补充“Four full”安全文化建设体系的不足之处，提高安全文化体系运行质量，有助于地勘单位进行安全文化推广、管理、建设、参与过程中准确把握运行机制和核心要素。“Four full”安全文化建设体系和地勘单位“5734”安全文化建设改进模型均需要在应用实践中不断修正完善，才能够更好地指导地勘单位进行安全文化建设。

在应用过程中发现，“Four full”安全文化建设体系存在全天候推广机制不全面、全过程管理要素不完善、全方位建设要求不明确、全员参与缺少着力点等运行缺陷和潜在的不足之处，有待于进一步完善改进。因此，结合前期安全文化建设体系应用实践经验，提出“5734”安全文化建设改进模型，“5”即全天候推广要做到5个“完善”，“7”即全过程管理要围绕7项核心要素，“3”即全方位建设要加强3个“结合”，“4”即全员参与要把握4个“着力点”。

一、全天候推广

一是完善安全战略指导机制。明确安全工作的主攻方向和战略方针，做到安全工作有的放矢，制定符合本行业或本企业的安全生产方针，最大限度发挥“人”在安全工作中的能动性。二是完善安全目标考核机制。根据自身的情况建立可行的目标考核机制，让员工始终保持一种丝毫不放松、不麻痹的思想状态。三是完善安全理念渗透机制。建立健全完善的理念渗透机制和措施，将各种安全理念、警句汇编成册，定期开展理念渗透专题研讨、讲座、交流活动，提高员工对各种安全理念的认识程度，同时强化监督检查和考核兑现。四是完善安全制度落实机制。健全并严格执行系统的目标责任、监督考核和落实兑现保障体系，不断强化安全管理人员的履职意识，促进员工自觉养成遵守安全制度的良好习惯，不断提高安全文化的执行力。五是完善安全教育培训机制。建立安全文化培训机制，注重培训方式方法的创新，同时注重方式方法的多样性，促使员工积极学业务、练本领、掌握安全技能，使“我要安全”变成员工的共识和自觉行为，有效提升整体安全文化水平。

二、全过程管理

1. 安全文化理念

一是完善安全文化理念。结合战略目标、价值观、企业精神、工作理念及职业健康安全管理体系文件中的方针、目标、措施等内容，形成安全承诺。二是宣传安全文化理念。充分利用单位简报、即时通信工具、官方网站等让全体员工领会和理解安全承诺，同时，将安全承诺及时传达给施工分包方。三是践行安全文化理念。各级岗位人员认真履行职责，确保安全承诺付诸实践，取得实效。

2. 行为规范与程序

相关部门应维护好安全文化系统的符合性、适用性和可操作性，并着力解决提高执行力问题，确保安全管理体系持续有效运行。

根据“一岗双责”的要求，制定每个工作岗位的安全岗位说明书，明确规定岗位安全履职要求，要求每一个岗位人员在每天下班前根据“安全岗位说明书”和其他工作任务，对完成情况进行每日一清，达到日事日毕、日清日高。

树立和不断强化防范意识，建立健全安全生产工作的风险评估机制，在全体员工队伍中培植执行安全工作任务前的风险评估意识，以便让员工在执行任务前明白其所从事工作的风险及违章操作可能带来的伤害。

3. 安全行为激励

结合安全生产法律法规、规章制度要求在现行办法的基础上，进一步细化安全绩效评价制度，从安全结果、安全质量、业务技能和知识、工作安排与执行、成本控制、工作服从与配合、贡献意识和个性特质等方面设置每个岗位的安全绩效评价制度，并使之与薪酬挂钩。

根据不同岗位、不同工作性质，进一步细化、规范上岗前安全考核方式方法，增设安全文化理解认同、风险意识、成果意识等方面的考核内容。

把握员工安全行为特点，坚持成效与不足、显绩与潜绩相结合的安全绩效考核，注重充分肯定所取得的成果和分析存在的不足。

建立安全生产违章违规行为约谈制度，发生安全生产违规违章的单位主要负责人由安全分管领导对其进行约谈。完善安全生产榜样或典型制度，为员工设立生动具体的标杆等，营造安全行为和安全态度的示范效应。

4. 安全信息传播与沟通

信息的传播和沟通是营造安全文化氛围，构造特色安全文化表现形式的重要手段。从形式上分类，可分成被动接受和主动参与两种，被动接受式传播形式上有：发放各种刊物和材料、设立宣传专栏、播放相关安全生产题材等。主动参与式传播形式有：安全文化活动、知识竞赛、技能比赛、论文征集等。

完善信息传播与沟通系统。每年至少组织开展 1 期以安全经验、安全技术、管理建议为题材的征文活动。

每年至少 1 次邀请行业相关专家做专题讲座，增进外界对本单位安全文化的了解和认同。

5. 自主学习与改进

(1) 建立自主学习与改进机制　培训内容除有关安全知识和技能外，还应包括对严格遵守安全规范的理解，以及个人安全职责的重要意义和因理解偏差或缺乏严谨而产生失误的后果。在进行安全知识和经验、实际操作培训的同时增加来自行业内所发生安全事故或事件的负面经验总结和规律提炼。

(2) 建立安全培训效果考核制度　量身定做每项培训的考核目标，明确培训对象从该项目培训中应学会什么，跟踪培训效果以确认受训人员是否有所收获。每一期培训结束时要组织受训人员评价授课方式方法，听取受训人员对下一期类似培训项目的要求。

6. 安全事务参与

充分认识安全文化建设是一个持续的、与全体员工密切相关的管理过程，是实现从被动管理向主动管理、从感性文化向理性文化的延伸，不是阶段性和仅由部分人去推动的。

做好打持久战的心理准备，集中投入时间、精力和物资对员工开展培训教育，提高认识，确保全体员工认识到对安全事务的参与是落实安全岗位职责的最佳途径。

建立安全生产规章制度、生产安全事故调查分析、安全管理体系内审、有效性评价及复核、生产一线职工代表参与等常态化机制。

7. 审核与评估

建立每季度 1 次的安全文化建设状况评估制度，从“安全承诺理解熟悉、行为规范执行、安全信息沟通传播时效、安全行为激励效果、自主学习与改进绩效、安全事务参与落实等方面，书面评估安全文化建设的现状、优点及缺点，制定下一步的工作措施。

建立每年1次年度审核制度，对包括“审核与评估”等7项安全文化建设核心要素落实情况进行全面审核，形成审核报告，综合评价建设效果，提出改进意见和建议。

组织安委会全体成员对评估报告和审核报告进行讨论分析和评价，形成决议后由“安全文化建设委员会”办公室告知相关单位，并跟踪落实效果。

三、全方位建设

一是安全文化建设与体系持续有效运行相结合。推进安全文化建设必须有坚实的安全管理体系为基础和保障，安全文化建设可以促进或制约安全管理体系的运行效果。二是安全文化建设与日常安全生产管理工作相结合，只有在日常的安全生产过程中，员工的安全态度和安全行为才能最真实地表现出来，脱离了日常安全生产，安全绩效的评价会大打折扣。三是安全文化建设与党建和精神文明建设相结合，精神文明建设的宗旨是树立正确的人生观和价值观，而安全文化建设的全过程主要是围绕着引导员工安全态度和安全行为这一主线开展工作，两者之间有着内在的密切联系。

四、全员参与

一是以一线职工为着力点。牢固树立“职工是企业安全文化建设的土壤”这一理念，始终把广大职工作为安全文化建设的主体，引导职工踊跃参与实践，逐渐形成自觉提高安全素养的氛围和环境。二是以长远建设为着力点。尊重文化形成客观规律，消除急功近利的思想，把安全文化建设作为一项系统工程，一步一个脚印地做好“培育、倡导、形成”的各项具体工作。三是以融合建设为着力点。将安全文化融入企业总体文化和各项工作之中，在企业总体理念、形象识别、工作目标与规划、岗位责任制制定、生产过程控制及监督反馈等各个方面、各个环节融入安全文化的内容，时时、处处、事事要体现安全文化。四是以综合建设为着力点。充分认识到职工知识基础、技术能力、管理水平在企业安全文化建设中的制约作用，把企业安全文化的宣传教育与职工技能、管理培训紧密结合，在职工提高综合知识与业务技能的同时提高安全素质。五是以个性建设为着力点，从本单位和职工岗位实际出发，加强安全文化的倡导、学习、普及，着力在得到广大职工的认可、接受上下功夫，培育创造出具有企业鲜明个性、适应企业发展的安全文化。

第六章

劳动保护

地勘属于高风险行业，工作性质较为特殊，活动范围广、人员流动性强，工作地点多处于野外人烟稀少环境和艰险地区，潜在安全风险较大，安全防护装备配备质量要求高。安全防护装备作为保护作业人员的最后一道防线，在为使用者提供职业健康保护的同时也是一种企业形象的展示。因此，应当结合地勘工作环境、专业特点以及从业人员需求调研结果对个体防护装备“一体化”进行设计研究。

第一节　地勘单位个体防护装备配备

一、地勘行业个体防护装备“IHO一体化”设计思路

神经元网络采用分层网络结构形式，实现从输入层结点的状态空间到输出层状态空间的非线性映射，广泛用于模式分类、特征抽取等方面。个体防护装备按照防护部位和使用功能的不同可分为若干类型，各类型的防护装备又通过材料的组合和设计实现不同功能，从而满足防护装备在使用中的特殊要求，类似于神经元网络各层存在的递进关系。因此，针对地勘单位个体防护装备配备存在的系统化程度低、外观辨识度不高、整体更新滞后等突出问题，综合考虑装备功能、适用性要求以及面料、材质特点和防护部位，参照神经元网络原理同样可将整个设计过程划分为输入层（Input layer）、隐含层（Hidden layer）和输出层（Output layer）等三个层面，简称“IHO”。首先结合地勘单位实际

需求确定各基本功能要素，进而明确输入层各要素和隐含层各构成基本项的输出组合方式，最终通过各基本功能要素之间的连接形成功能、材料要求明确，功能要素、构成基本项、各种防护装备重要程度清晰的个体防护装备“一体化”解决方案。

二、地勘行业个体防护装备“IHO 一体化”设计

“IHO 一体化”设计充分借鉴了神经元网络的概念和原理，将防风沙、防水（雨）、防潮等 15 项防护装备的功能界定为输入层，将材质、面料等 5 项装备的基本构成界定为隐含层，各项功能通过基本项进行组合后输出为 7 大类 14 种个体防护装备。

1. “IHO 一体化”设计输入层

野外工作环境恶劣，对防护装备功能的要求较高，结合地勘单位生产经营实际，输入层作为“IHO 一体化”设计的基本要素层共有 16 项功能要素（见表 6-1），使用符号“I”表示，包括：防风沙（I1）、防水（雨）（I2）、防潮（I3）、防砸（I4）、防刺（I5）、防割（I6）、防滑（I7）、防蛇咬（I8）、耐磨（I9）、耐冲击（I10）、保温（I11）、隔热（I12）、便携（I13）、透气（I14）、轻量（I15）、醒目（I16）。

表 6-1 “IHO 一体化”设计输入层功能要素分析表

序号	要素	功能设计依据	影响部位
1	防风沙(I1)	沙漠、戈壁等地区自然环境恶劣、植被覆盖率低，风沙较大，经常发生沙尘暴等自然灾害	眼面部
2	防水(雨)(I2)	森林、湖沼等地区雨水较多，雨量大；野外地质调查人员需要经常徒步涉溪、穿越河流	头部、足部、躯干、腿部
3	防潮(I3)	森林、湖沼等地区雨水较多，雨量大；野外地质调查人员需要经常徒步涉溪、穿越河流	足部、躯干、腿部
4	防砸(I4)	山区踏勘中周围岩石不稳定，易发生岩石掉块或剥落	头部
5	防刺(I5)	山区岩石较为尖锐；林区树木茂密，硬木植被较多	手部、足部
6	防割(I6)	山区岩石较为尖锐；林区树木茂密，硬木植被较多	手部、足部
7	防滑(I7)	草原、林地等区域苔藓类植物较多，比较湿滑；雨后道路湿滑；高海拔地区或寒冷季节冰雪较多	手部、足部
8	防蛇咬(I8)	丛林、沼泽等地区植被茂密、毒蛇较多	足部、腿部
9	耐磨(I9)	在丛林、山区、草原等自然环境中装备磨损较严重	足部、手部、躯干、腿部

续表

序号	要素	功能设计依据	影响部位
10	耐冲击(I10)	山区踏勘中周围岩石不稳定，易发生岩石掉块或剥落；山区道路岩石坚硬	头部、足部
11	保温(I11)	工作的自然环境中昼夜温差大，早晚温度较低	躯干、腿部、足部、手部
12	隔热(I12)	野外工作环境日照时间长，热辐射较强	头部、躯干、腿部
13	便携(I13)	野外踏勘时行进路线较长，作业人员需要携带较多工具或装备	躯干、腿部、足部、
14	透气(I14)	工作中活动量大，体力消耗多，易出汗	躯干、腿部、足部
15	轻量(I15)	野外踏勘时行进路线较长，人员装备、物资携带重量有限	躯干、腿部
16	醒目(I16)	工作区域多处于人烟稀少的空旷地区，人员辨识度不高	躯干、腿部

2. “IHO 一体化”设计隐含层

隐含层起到连接输入层和输出层的作用，要素通过自由组合经隐含层转化为各种类型的防护装备，隐含层作为“IHO 一体化”设计的中转层共有 5 项要素，使用符号“H”表示，主要包括材质（H1）、面料（H2）、里料（H3）、外观（H4）、五金件（H5）五个防护装备基本项。材质指装备的材料、质感、表面色彩、纹理、光滑度、透明度、反射率、折射率、发光度等可视属性的结合；面料指用来制作装备的材料，如使用棉布、麻布、皮革、化纤、混纺、莫代尔等；里料是相对于面料的材料，主要用于减少面料与内衣之间的摩擦，起到保护面料的作用，增加服装的厚度，起到保暖的作用；外观指装备的颜色、剪裁、造型、标志等；五金件指装备上的金属部件，如纽扣、拉锁、标牌、带扣等。

3. “IHO 一体化”设计输出层

输出层是“IHO 一体化”设计的最终产品层，使用符号“O”表示，共分为头部防护装备（O1）、足部防护装备（O2）、坠落防护及防滑装备（O3）、眼面部防护装备（O4）、躯干防护装备（O5）、腿部防护装备（O6）、手部防护装备（O7）7 类装备（见表 6-2）。

表 6-2 “IHO 一体化”防护装备明细

序号	类型	装备名称	基本要求
1	头部防护装备(O1)	安全帽(O1-1)	防水(雨)(I2);防砸(I4);耐冲击(I10);隔热(I12)
2		遮阳帽(O1-2)	防水(雨)(I2);防砸(I4);耐冲击(I10);隔热(I12)
3	足部防护装备(O2)	登山鞋(O2-1)	防水(雨)(I2);防潮(I3);防刺(I5);防割(I6);防滑(I7);防蛇咬(I8);耐冲击(I10);保温(I11);便携(I13);透气(I14)
4		户外袜(O2-2)	防潮(I3);保温(I11);透气(I14)
5	坠落防护及防滑装备(O3)	安全绳(O3-1)	便携(I13)
6		安全带(O3-2)	便携(I13)
7	眼面部防护装备(O4)	遮阳/防风镜(O4-1)	防风沙(I1)
8		面罩(O4-2)	防风沙(I1)
9	躯干防护装备(O5)	秋冬工作服(O5-1)	防水(雨)(I2);防潮(I3);耐磨(I9);保温(I11);隔热(I12);便携(I13);透气(I14);轻量(I15);醒目(I16)
10		夏季工作服(O5-2)	耐磨(I9);隔热(I12);便携(I13);透气(I14);轻量(I15);醒目(I16)
11		背包(O5-3)	防水(雨)(I2);防潮(I3);耐磨(I9);便携(I13);透气(I14);轻量(I15);醒目(I16)
12	腿部防护装备(O6)	工作裤(O6-1)	防水(雨)(I2);防潮(I3);防蛇咬(I8);耐磨(I9);保温(I11);隔热(I12);便携(I13);透气(I14);轻量(I15);醒目(I16)
13		护腿(O6-2)	防蛇咬(I8);耐磨(I9);便携(I13);透气(I14);轻量(I15)
14	手部防护装备(O7)	防护手套(O7)	防刺(I5);防割(I6);防滑(I7)

第二节 艰险地区地质调查作业人员定位终端适用性研究

艰险地区地质调查作业点多、面长、线广，绝大部分作业区域位于气候、环境恶劣的高寒、丛林地区，工作区地理位置偏远、人口稀少、小气候特征明显，交通和通信极为不便，通信基站等基础设施匮乏，作业人员迷路、走失风险较高（如图 6-1、图 6-2 所示）。手机等普通通信工具无法正常使用，人员定位终端、卫星电话、GPS 等专用通信工具信号受环境影响较大，性能不稳定，一旦发生人员伤亡或走失事件无法及时传递位置信息或遇险信号，增加了应急救援工作难度。如 2012 年北京市某单位 3 名地质人员青海沱沱河地质调查失踪死亡、2012 年陕西省某勘查公司青海项目部 3 名队员可可西里地区失踪死亡、2021年昆明某单位4名地质调探人员云南省哀牢山失踪死亡均为典型的人员走失事故。

图 6-1　戈壁沙漠地区地质调查工作区

图 6-2　冬季草原地区地质钻探生活区

目前，地勘单位大多为艰险地区地质调查作业人员配备了定位终端，但在使用过程中的信号和电池续航并不稳定，存在同一作业区域内信号异常波动且无规律可循、高寒地区电池续航快速下降、位置上报频度与电池损耗不一致等突出问题，影响人员定位终端使用性能和艰险地区人员保障措施方案制定，增加了作业人员安全事故风险。

人员定位终端在使用过程中的信号和电池续航能力受气候、地形条件、地域、自然环境等因素影响较大，在不同地区的工作效率存在较大差异。因此，分析研究过程中基于人员定位终端的测点、测线、轨迹记录等功能对新疆、云南、甘肃等地区的人员定位终端使用数据进行分析比对，通过数据分析比对摸清人员定位终端在不同环境及使用条件下的信号强度、电池续航规律。

一、信号影响因素分析

1. 信号影响变化规律

信号影响因素数据组中包含高程、纬度、经度、信号数、天气、地貌、植被、植被覆盖率等信息，高程、纬度对信号有影响，而经度、信号数、天气、地貌、植被、植被覆盖率等对信号的影响可忽略不计。高程、纬度变化对信号影响较大。

纬度 20°～25°时信号数在 1～4 区间递增，纬度 30°～40°时，信号数在 6～11 区间递增。

高程 1000～2500m 时，信号数在 1～5 区间递增，高程 2500～5000m 时，信号数在 5～11 区间递增。信号在纬度 40°、高程 5000m 时达到最大值。

由此可知，信号数与纬度、高程的变化呈正相关，纬度、高程越高信号越好。

2. 信号影响问题原因分析

纬度、高程越低信号越差。主要原因为：一是我国南北跨越纬度近 50°，纬度自北向南逐步降低，植被生长主要受日照和降水的影响，日照和降水随纬度降低逐步增加，纬度越低植被越茂密，植被遮挡能够干扰屏蔽人员定位终端信号。二是高程越低空气越浓厚、密度越大，大气透明度越低，人员定位终端与卫星通信过程中受到的多路径反射和电磁干扰越强，信号传输质量越差。

二、电池续航能力分析

（一）电池续航影响变化规律

电池续航数据组中包含天气、高程、纬度、温度、上报频度、电量等信息，同一上报频度中天气、纬度对电池续航无影响，高程、温度变化对电池续航影响较大。

1. 1min 上报频度

（1）高程 1500～2000m，1h 电量由 85％递减至 83％，2h 电量由 75％递减至 73％。高程 2001～2805m，1h 电量由 83％递减至 82％，2h 电量由 73％递减至 72％。高程 3261～3310m，1h 电量由 80％递减至 77％，2h 电量由 70％递减至 67％。

（2）温度 15～20℃时，2h 电量由 67％递增至 70％。温度 22～32℃时，2h 电量由 72％递增至 75％。温度 27～34℃时，1h 电量由 77％递增至 80％。温度 36～42℃时，1h 电量由 82％递增至 85％。

2. 5min 上报频度

（1）高程 1000～1500m，1h 电量由 82％递减至 81％，2h 电量由 72％递减至 71％。高程 2931～3993m，1h 电量由 79％递减至 70％，2h 电量由 69％递减至 60％。

（2）温度 8～13℃时，2h 电量由 60％递增至 64％。温度 21～25℃时，2h 电量由 68％递增至 72％。温度 22～27℃时，1h 电量由 70％递增至 74％。温度 34～38℃时，1h 电量由 78％递增至 82％。

3. 10min 上报频度

（1）高程 1200～1600m，1h 电量由 90％递减至 87％，2h 电量由 80％递减至 77％。高程 4000～4500m，1h 电量由 82％递减至 81％，2h 电量由 72％递减至 71％。

（2）温度 4～6℃时，2h 电量由 71％递增至 72％。温度 16～22℃时，2h 电量由 77％递增至 80％。温度 23～26℃时，1h 电量由 81％递增至 82％。温度 34～41℃时，1h 电量由 87％递增至 90％。

4. 20min 上报频度

（1）高程 1500～1700m，1h 电量由 95％递减至 93％，2h 电量由 85％递减至 83％。高程 4400～4700m，1h 电量由 90％递减至 89％，2h 电量由 80％递减至 79％。

（2）温度 4～7℃时，2h 电量由 79％递增至 80％。温度 14～18℃时，2h 电量由 83％递增至 85％。温度 26～28℃时，1h 电量由 89％递增至 90％。温度 36～40℃时，1h 电量由 93％递增至 95％。

电池续航与高程呈负相关关系，高程越高电池续航越差，与温度呈正相关关系，温度越高电池续航越好。上报频率 1min、5min、10min、20min 的耗电量从小到大排序依次为：20min＞10min＞1min＞5min。

（二）电池续航问题原因分析

高程越高、温度越低，电池耗电量越大、续航能力越差。主要原因为：一是地面为对流层大气主要热源，高程越高得到的地面辐射越少，气温越低，标准大气压下，高程每升高 100m，气温下降 0.6℃。二是人员定位终端采用锂离子电池供电，温度越低，锂离子电池电解液黏度、固态电解质界面、电荷转移阻抗厚度越大，活性物质内部扩散越低，从而导致耗电量增大、电池续航能力降低。

第七章

钻探工程安全

第一节　岩芯钻探工程

岩芯钻探作为地质勘探的主要验证方式，施工地点多处于山区，易受到山崩、山体滑坡、泥石流等突发性地质灾害的影响和蛇虫猛兽侵扰，且地形崎岖、交通不便、基础设施落后、设备搬迁困难，增加了安全管理和施工组织的难度（如图 7-1～图 7-3 所示）。因此，应当基于风险点辨识结果进行安全管理模块设计，从而提高安全管理效率，降低事故发生概率。

图 7-1　莱芜地区安全标准化钻探施工现场

图 7-2　内蒙古达茂旗铜多金属矿安全标准化钻探施工现场

图 7-3　莱芜地区铁矿勘探安全标准化钻探施工现场

一、岩芯钻探风险点辨识

风险点在一般意义上是指伴随风险的部位、设施、场所和区域，以及在特定部位、设施、场所和区域实施的伴随风险的作业过程，或以上两者的组合。考虑到岩芯钻探属于地质勘探中的一种工作手段，施工管理、作业过程和安全风险有其特殊性。因此，应当将作业活动作为辨识的基本单元，并划分为作业前、作业中和作业后 3 个时间阶段，而非某个区域或某一场所。风险点分析主要包括人、机、环、管 4 个方面内容。

1. 人的不安全行为

安全生产中人是最大的不可控对象，同样在山区小口径钻探过程中也是如此，施工人员由于安全意识不足、身体疲劳或受外界不良环境影响易产生不安全行为。岩芯钻探过程中人的不安全行为主要包括不正确佩戴使用劳动保护用品；违章行驶车辆；私扯乱拉电线或使用不合格电器；煤炉取暖防护不当；放下钻机时速度过快；抛掷工具；施工机械使用不当；违规上下交叉作业；工作人员误操作；酒后上岗等。

2. 物的不安全状态

岩芯钻探施工过程中物的不安全状态因素主要存在于绞车、泥浆泵、潜水泵、钻机、搅拌机等机械设备上，主要包括起重设备技术标准不达标；钻机超重导致钢丝绳断裂或吊链断裂；钢丝绳起毛刺；踏板强度不够；现场地板不合格；避雷针不合格；传动部位没有防护罩；设备固定不牢固；照明线路布线不合理等。

3. 不良的作业环境

施工人员长时间处于不良的作业环境中易导致身体受到伤害、疲劳度增加以及误操作的发生，岩芯钻探自然环境比较恶劣，作业环境中的不良影响因素较多，主要包括特殊天气状态；特殊路段；山洪、泥石流、滑坡等自然灾害；高原环境作业；高温高湿环境；毒虫、猛兽袭击等。

4. 管理缺陷

施工过程中存在的安全管理漏洞和缺陷以及不完善的安全管理方式能够直接或间接导致人的不安全行为或物的不安全状态的发生，由于作业环境复杂多变、不可控因素较多，管理缺陷时有发生，主要包括运输车辆技术标准不达标；拆卸钻机固定螺栓时被挤伤；用撬杠移动钻机时被撬杠压伤；维修设备时无人监护；食用变质食品；误食野生植物；饮用不洁净水；聘用携带传染疾病的厨师；液化气罐储存、使用不当；吊装作业违章指挥；提拉捆绑不符合规定；搬移设备方法不当；现场照明未使用安全电压；违章操作、违章指挥；设备运行时检修；带电检修设备等。

二、岩芯钻探安全管理模块

1. 岩芯钻探安全管理模块设计的目的

模块设计的目的是规范岩芯钻探安全管理，将风险点辨识结果与管理模块设置相结合，增强管理模块内容的针对性，从而使岩芯钻探安全管理能够把握重点、有章可循、有的放矢。

2. 模块构建原则

模块构建按照“基于风险，把握重点”的原则进行，模块设计重点关注高风险等级的风险点，侧重人员管理和过程控制，力求符合岩芯钻探施工实际。

3. 模块构成

结合风险点划分和辨识结果，将山区岩芯钻探安全管理划分为人员管理、风险防范、应急管控、交通运输、材料管理、后勤保障 6 个主模块和外出审批、技术交底、教育培训、风险点辨识、日巡查、隐患治理、应急演练、资源配备、车辆管理、驾驶人员管理、管材、油料、配件、宿舍、食堂、仓库 16 个子模块（见表 7-1）。

表 7-1 岩芯钻探安全管理模块

序号	主模块	子模块	内容
1	人员管理	外出审批	施工人员在离开工作驻地前必须经过项目经理审批，说明外出时间，并备案外出记录，预防失联或人身意外事件发生
2		技术交底	在施工人员出、收队和施工开始、结束前应针对施工地区特点进行安全技术交底，告知主要风险、安全注意事项和安全防范措施
3		教育培训	结合施工地区情况、风险点辨识评价结果定期开展教育培训，提高人员安全意识
4	风险防范	风险点辨识	根据施工作业特点开展风险点辨识评价，并每月对风险点辨识评价清单进行一次检查更新
5		日巡查	每日对施工区、宿舍、食堂、仓库等进行一次巡查，详细记录巡查情况
6		隐患治理	结合风险点辨识评价清单开展隐患排查，对于查出的隐患建立治理台账，跟踪隐患治理进度
7	应急管控	应急演练	针对易发、高发事故开展应急处置方案演练，评价应急资源配备充分性、应急组织适宜性
8		资源配备	配备灭火器、担架、强光手电、应急灯、急救用品等应急资源，定期检查其性能和质量，建立检查记录
9	交通运输	车辆管理	建立车辆安全隐患排查、维修保养记录，评估车辆安全性能
10		驾驶人员管理	定期学习安全驾驶知识，特殊天气、路况、环境下的安全驾驶要求，建立学习记录，禁止非驾驶岗位人员驾驶车辆

续表

序号	主模块	子模块	内容
11	材料管理	管材	建立库存管材台账,合理使用管材,降低损耗率
12		油料	建立油料出入库台账,统计油料存用量
13		配件	提高易损件的存量,建立配件更换使用记录,把握规律
14	后勤保障	宿舍	建立宿舍卫生管理规定并严格执行,保持卫生整洁
15		食堂	食堂定期消毒;建立食物补给台账,定期统计消耗量
16		仓库	设置专门存放物资、装备的简易库房,建立登记台账

第二节　坑道钻探施工

坑道钻探施工是指矿山为实现生产可持续性，延长矿山服务寿命，指导矿山开采工作而开展的基础性、前瞻性的地质勘探工作。坑道钻探工程并非单一的钻探施工，而是包括勘探设计及报告编制等在内的综合工程项目，单纯的钻探施工企业往往难以全面完成。因此，目前在我国，坑道钻探工程通常采取矿山企业外包，再由外包单位（即总包单位）进行分包的形式开展。这种形式由于涉及多个单位（或队伍），无疑增加了坑道钻探工程安全管理的环节和难度。通过分析金属矿石坑道钻探施工的安全管理难点及存在的主要问题，积极探索出了一套 4E1S（审批 Examine and approve、应急资源 Emergency resource、应急处置 Emergency handling、疏散逃生 Evacuation、安全保障 Safeguard）安全管理模式。

一、安全管理难点

坑道钻探施工大多属于有限空间作业，由于自然通风不良，极易因有毒有害、易燃易爆物质积聚或氧含量不足等情况，造成事故或伤害。同时，诸如坠落、溺水、物体打击、电击等危害，也较常见。

1. 高温高湿环境

坑道钻探施工经常处于高温高湿环境，除了会影响作业时间，大大降低施工进度，严重腐蚀设备器具外，随着工程深度的增加，对作业人员的呼吸系统、听觉系统、视觉系统等都是一种挑战。这就要求作业人员不仅要有良好的技术技能及身体素质，还需要具备过硬的心理素质。

2. 运输环节

由于井下空间有限，大型设备往往难以转运到指定位置，必须“化整为零”，切割分解，这不仅增加了运输的难度和强度，还增加了相应的安全风险。同时，大型金属矿山，巷道规格一般较大，特别是运输巷，繁忙的井下生产运输车辆，往往会产生大量粉尘、尾气和噪声。因此，加大通风工作力度和安全防护，成为安全管理的重要一环。

3. 施工队伍

目前，金属矿山坑道钻探施工分包队伍整体安全管理水平不高。第一，在设备设施等硬件方面，一些队伍为了降低成本，缺乏必要的安全资金投入，致使很多设备设施的安全性能较差，以及应急资源不足等。第二，在人员、管理等软件方面，施工人员普遍安全技能较差、安全意识淡薄，同时，在施工现场往往缺乏严格的安全监督检查，致使违章违规行为时有发生。

二、4E1S 模式

（一）组织原则

开展 4E1S 安全管理模式必须严格遵循如下原则：一是必须严格实行作业审批制度。二是必须做到“先通风、再检测、后作业”。三是必须配备个人防中毒窒息等防护装备，设置安全警示标志。四是必须对作业人员进行安全培训，严禁教育培训不合格上岗作业。五是必须制定应急措施，现场配备应急装备，严禁盲目施救。

（二）组织模块

1. 审批（Examine and approve）模块

审批模块的主要内容包括在施工前，施工方必须与矿方充分沟通，在完全具备施工条件，完成审批程序后，方可进场。例如，在项目洽谈阶段，项目经理和安全员应分别与矿方的地质、安全等主管部门充分沟通，确保井下作业场所和设施由矿方布置完善，然后在合同正式签署后，办理井下作业进场审批手续。

2. 应急资源（Emergency resource）模块

应急资源模块的主要内容包括：施工方应根据危险有害因素和隐患排查列出清单，并配备齐全自身所需应急资源，同时还应与矿方充分沟通，做到内外部应急资源的共享共融，协调联动。在实践中，通常需要建立以项目经理为主，项目安全员为辅的应急管理小组或类似机构，来确保应急资源齐全有效，并负责与矿方充分沟通，做到应急资源的共享共融，协调联动。

3. 应急处置（Emergency handling）模块

应急处置模块的主要内容包括：施工方与矿方全面沟通咨询，参考矿方有关制度，开展建章立制相关工作，明确职责，合理分级，确定作业人员、作业班组、机台的应急职责，并开展经常性的现场处置应急演练，确保作业人员对本岗位的危险有害因素、安全风险和事故隐患全面了解，并能冷静熟练处置。在实践中，建章立制、明确职责等工作一般由项目经理全面负责，项目安全员具体参与；应急演练等工作一般由项目部“机长”负责组织开展。

4. 疏散逃生（Evacuation）模块

疏散逃生模块的主要内容包括：全体作业人员必须牢固树立“安全第一，生命至上”的理念，在应急处置失效的情况下，迅速按照预案或逃生路线疏散。

5. 安全保障（Safeguard）模块

安全保障模块的主要内容包括两方面：一是矿方应确保施工现场条件安全达标，负责布置好井下施工场地，做好井下通风，并配备齐全符合要求的检测仪器设备。在实践中，此项工作通常需要由项目部安全员与矿方充分沟通，来确保各项工作落实到位。二是施工方应针对不同岗位和工种，对全体作业人员开展安全教育培训，配齐安全防护用品，并检查监督其佩戴和使用。同时，安排专业人员做好作业设备维护保养，确保安全性能稳定可靠，并定期或不定期组织开展隐患排查治理和安全风险分级管控，使全体作业人员做到“知风险、会管控、能应急”。

（三）软硬件支持

为了确保上述模块有章可依，有效推进，在“软件”方面，施工方应安排专人进行制度建设，至少应制定包括申请审批制度、劳动和安全防护制度、教育培训制度、责任与奖惩制度、应急管理体系、事故隐患排查治理和安全风险分级管控制度体系、疏散逃生制度等。对于作业设备设施、检测设备、应急资源等“硬件”方面，施工方一方面要做好作业设备的保养维护、安装拆卸等工作，确保应急资源配备齐全，并由专人负责，定期检查维护；另一方面还要由专人负责定期巡检，确保矿方配备的检测设备合格有效，能正常工作。

第八章

地质调查安全

地质调查工作是研究地质现象发生、发展及规律的重要手段，主要包括地质填图、样本采集和野外踏勘等工作内容，在支撑矿产地质、环境地质、国家重大工程建设、地质科学研究、产业规划等方面发挥了重要作用，为国民经济建设、社会发展及地质科学研究提供了基础数据。我国幅员辽阔、地形复杂、气候多变、地质现象多样，地质调查工作最早开始于1916年，目前中央公益性地质调查工作由中国地质调查局组织开展或者以下达任务书的形式委托给地

图 8-1　地质调查作业人员峭壁采样编录

勘单位进行，自2000年以来，绝大部分地质调查工作集中在西藏、青海、新疆、甘肃、内蒙古、云南等西部和西南部地区，这些地区地理位置边远、地形条件复杂、自然环境恶劣、交通通信不便、人口稀少，这些不利条件都给地质调查作业人员的人身安全和职业健康带来了不利影响。因此，应当将地质调查安全生产管理的关注点及时转移到艰险地区，并结合地质调查作业实际和人员安全装备配备情况开展专项研究，建立一套适用于地勘单位的艰险地区地质调查作业人员安全装备体系。(如图8-1所示)

第一节　艰险地区作业人员安全风险分析

根据《地质勘探安全规程》(AQ 2004—2005)的定义，艰险地区地质调查作业即在海拔3000m以上或者其他无人居住、自然条件恶劣、生存条件差的地质工作区以及在非城镇地区户外进行的地质勘探活动。进行艰险地区作业人员安全风险分析能够为构建作业人员安全装备体系提供有效依据。本书通过专家分析法从事故发生的可能性和事故后果的严重性两个方面对影响艰险地区作业人员安全的风险因素进行分析并划分风险等级。

一、安全风险分析

(一) 气象和气候条件风险分析

气象是指发生在天空中的风、云、雨、雪、霜、露、虹、晕、闪电、打雷等一切大气的物理现象，艰险地区对作业人员产生不利影响的气象条件主要包括高海拔、风沙大、温差大、日光强等。高原典型大气参数变化规律可概括为：海拔每升高1000m，大气压力下降9%，空气密度下降6%～10%，含氧量下降10%，大气温度下降6.5℃，太阳直接辐射强度增加约54W/m^2，风压下降9%，沙尘量大；海拔越高，年低温期也越长，海拔4000m以上的地区为常年固定冷区，年平均气温在－4℃以下，冷期大于5个月；昼夜温差越大，日温差可高达30℃，极端最低气温低达－27～－45℃。

1. 风沙大 R1

沙漠、戈壁滩等地质调查作业区植被覆盖较少，终年少雨或无雨，且周围缺少山脉遮挡，风沙活动频繁，风易挟带起大量沙尘形成沙尘暴，易导致细菌性或病毒性眼病和呼吸系统疾病，易造成作业人员感冒。

2. 温差大 R2

西部地区昼夜温差大，白昼气温升高快，夜里气温下降大，许多地方气温最大日波动在20～25℃之间，易造成作业人员感冒。

3. 日光强 R3

地质调查人员以室外作业为主，目前多数地质调查项目位于我国西部地区，这一地区的日照时间最长，尤其是新疆地区，夏至日白天日照时间长达14～16h，冬至日白天也在9h左右，作业人员长时间暴露在日光下易导致光照性皮炎、日光眼炎等，另外日光中的紫外线还会造成免疫功能下降、对遗传因子的深度伤害和增加皮肤癌、白内障发病概率。

（二）地理环境风险分析

地理环境是指一定社会所处的地理位置以及与此相联系的各种自然条件的总和，包括土地、河流、湖泊、山脉、矿藏以及动植物资源等，可能对作业人员产生危害的地理环境主要包括高海拔、山体陡峭、有毒动植物、猛兽威胁等。

1. 高海拔 R4

地质调查作业工作区多处于新疆、青海、西藏等高海拔地区，海拔越高大气压力越低，空气越稀薄，气温也越低，能吸收进血液的氧分子越少，易导致作业人员睡眠困难、消化系统紊乱，甚至引起急性高山病、高海拔型肺积水或高海拔型颅内积水，危及作业人员生命健康。

2. 山体陡峭 R5

地质调查作业中遇到的山大部分山势高而陡峻，有些采样点或调查点位于山体的陡峭部位，人员需要徒手攀爬至这些地点采取样品，而陡峭的山体给人员攀登带来了难度，攀登时体力消耗大，且容易造成人员在攀爬过程中踩空或失稳坠落，发生伤亡事故。

3. 有毒动植物 R6

森林、沼泽等艰险地区分布有多种有毒动植物，如果作业人员在没有防护的情况下接触了有毒植物，或是被毒蛇、蜘蛛、蚊虫等叮咬极易引起中毒、窒息等事故发生。

4. 猛兽威胁 R7

地质调查作业多处于人烟稀少的草原、戈壁、沙漠等地区，环境受到人类的干扰较少，存在大量的野生动物，其中不乏野猪、牦牛、野狼等猛兽，作业人员如不加以防范易受到猛兽袭击伤害。

（三）自然灾害风险分析

自然灾害是指给人类生存带来危害或损害人类生活环境的自然现象，与艰险地区地质调查作业人员关系比较密切的自然灾害主要有寒潮、暴风雪、崩塌滑坡等。

1. 寒潮 R8

寒潮是指我国北方强冷空气像潮水一般大规模地向南推进所造成的大范围内急剧降温的剧烈天气过程，是一种严重的灾害性天气，在地质调查作业过程中遭遇寒潮的概率大大超过内地，一般寒潮都会带来严寒、大风、霜冻等恶劣天气，有可能造成作业人员的冻伤。

2. 暴风雪 R9

暴风雪是－5℃以下大降水量天气的统称，且伴有强烈的冷空气气流。暴风雪在新疆、青海、内蒙古等地区比较常见，对野外作业人员的威胁较大，灾害发生时常伴随着气温骤降、大量的雪和狂风，造成作业人员无躲避场所或处于饥寒交迫窘境，可能导致作业人员冻伤、被暴雪掩埋或迷失方向。

3. 崩塌滑坡 R10

地质调查作业需要深入山区进行采样，经常需要在山区行进，在作业过程中自然崩落岩石和地震、泥石流、山体滑坡等地质灾害造成的岩石、土块的滚落都可能导致人员的伤害。

（四）人文地理风险分析

艰险地区的人文地理特点是大部分地区人烟稀少、道路交通不便、通信设施匮乏、缺医少药，地质调查作业需要经常深入“无人区”，主要风险包括通信不畅、人员走失、医疗卫生条件差等。

1. 通信不畅 R11

艰险地区通信设施少，大部分地区未建设通信设施，地质调查作业中手机等传统的通信工具在野外环境中几乎检测不到基站信号，即使勉强能搜寻到信号，通话质量也不能保证，严重影响了野外作业人员和基地之间的信息沟通和联络，一旦发生事故或突发事件无法及时取得联系，导致不能及时获得救援。

2. 人员走失 R12

人员走失是地质调查作业中较为高发的一类事故或事件，地质调查作业区多处于新疆、青海省的边远、无人地区，这些地区几乎无人居住，无法获取相关路线信息，加之这些地区面积十分广阔且没有人类建筑物，环境辨识度低，一旦迷失方向容易造成人员走失事故的发生。

3. 医疗卫生条件差 R13

艰险地区的医疗基础设施条件较差，医疗技术水平十分有限，大部分药品匮乏，疫情、传染病等控制效果较差，加之地质调查作业多位于远离城市、村庄等人口聚居地的野外环境中，人员发生疾病或受伤后不能及时得到救治。

二、风险等级划分

结合艰险地区地质调查作业实际情况对可能对作业人员产生影响的风险从四个方面进行了分析，得出 13 项风险，包括：R1 风沙大；R2 温差大；R3 日光强；R4 高海拔；R5 山体陡峭；R6 有毒动植物；R7 猛兽威胁；R8 寒潮；R9 暴风雪；R10 崩塌滑坡；R11 通信不畅；R12 人员走失；R13 医疗卫生条件差。

根据各项风险在地质调查作业中发生的可能性及发生事故后果的严重性进行风险评价并分级，见表 8-1。由表可知，中等风险及以上的为 R1、R3、R4、R5、R6、R9、R10、R11、R12 9 项。其中，R1、R3、R6、R11 为中等风险；R5、R9、R10 为重大风险；R4、R12 为不可接受风险（指风险等级最高）。

表 8-1　风险等级划分表（见文后彩插）

事故后果的严重性C		Ⅰ	Ⅱ	Ⅲ	Ⅳ	Ⅴ
事故发生的可能性L		1	2	3	4	5
Ⅰ	1				R7	
Ⅱ	2				R8	
Ⅲ	3	R2	R13	R11	R1	R9
Ⅳ	4			R6	R5	
Ⅴ	5		R3	R10	R4	R12

第二节 艰险地区作业人员安全装备体系构建

随着我国安全科技的发展，安全保障和安全装备的研发正逐步被重视并提升至国家重点研发计划内容，如“2017年度国家重点研发计划安全生产项目目录”的18个项目中就有5项与安全保障和安全装备研发相关的项目，可见国家对安全装备水平提升的重视程度。

“作业人员安全装备体系”构建的原则是“立足实际、重点优先、优化配置”，即以艰险地区地质调查作业安全风险分析为基础，优先配置涉及中等以上风险度的安全装备，以达到各项安全装备系统配置的最优化，方式是结合安全风险分析结果配置能够降低或消除安全风险的装备，目的是通过安全装备配置和系统的完善防范或消除安全风险可能产生的不良后果，最大限度降低安全风险对作业人员的影响。

一、个体防护系统

个体防护系统是艰险地区地质调查作业人员安全装备体系构建的基础，同时也是应急自救、人员定位和野外生存系统的中枢，对于提升作业人员的个体防护能力至关重要，其对应主要安全风险分别为R1风沙大、R3日光强、R4高海拔、R5山体陡峭、R9暴风雪、R10崩塌滑坡等，鉴于地质调查作业野外工作时间为4～11月，建议配备的安全装备见表8-2。

表8-2 个体防护类安全装备配备表

序号	装备名称	解决的风险	主要功能	主要技术要求
1	圆边帽	R1风沙大；R3日光强	防雨水；防紫外线；遮阳；防飞虫	全棉或锦纶快干面料
2	登山头盔	R5山体陡峭；R10崩塌滑坡	防物体打击；防高空落物	高强工程塑料或纤维增强高聚物材质
3	户外头巾	R1风沙大；R3日光强	防寒保暖；遮阳；防风沙	吸湿快干面料
4	运动眼镜	R1风沙大；R3日光强；	防风沙；防阳光照射；隔离紫外线	PC镜片；防滑鼻垫、脚套；质轻、耐热、耐撞击

续表

序号	装备名称	解决的风险	主要功能	主要技术要求
5	全天候冲锋衣（秋冬）	R1 风沙大； R9 暴风雪	防水；防风；透气；保暖	两层或三层压胶设计；YKK 拉链；透气里衬材料
6	速干衣（春夏）	R1 风沙大； R3 日光强	排汗速干；防泼水	吸汗排汗功能的面料
7	冲锋裤（秋冬）	R5 山体陡峭； R9 暴风雪； R10 崩塌滑坡	秋冬防雨雪、保暖；防风；防水；透气；耐磨；耐撕裂	两层或三层压胶设计；防水面料；高立裆设计；YKK 防水拉链；臀部加厚；魔术扣设计
8	速干裤（春夏）	R1 风沙大； R3 日光强	排汗、速干、防泼水	吸汗排汗功能面料
9	单手套（春夏）	R5 山体陡峭	防风；防划割；增加手部摩擦力、抓附力	耐磨、防水透湿面料
10	加厚手套（秋冬）	R4 高海拔； R9 暴风雪；	防雨雪；防寒保暖；增加手部摩擦力、抓附力	外层耐磨、防水透湿面料，内层抓绒面料
11	登山鞋	R5 山体陡峭； R9 暴风雪； R10 崩塌滑坡	防水；透气；防寒保暖；防滑；防碰撞	整体材料鞋面；合成纺织布料内衬；软尼龙材料内底；合成橡胶材料外底
12	登山背包	R1 风沙大； R5 山体陡峭； R10 崩塌滑坡	背部、腰部防护；安全装备系统中枢	体积 20～35L，至少有 2～3 个侧包或顶盖包；五带三装置设计；密实防水、耐磨、防燃、防撕裂外料；高强度织带；采用内金属架或外支架

二、应急自救系统

地质调查作业一般远离城镇等人口聚居区，作业过程中随时可能发生人身伤害事故，在正式救援到来前或前往医院的途中作业人员需要依靠现有条件进行急救和伤口处理，或是发出求救信号，应急自救装备的配备能够为地质调查作业人员最大限度地赢得救援时间，其对应主要安全风险分别为 R4 高海拔、R6 有毒动植物、R9 暴风雪、R11 通信不畅等。鉴于地质调查作业工作线路长、体能消耗大、样品重量大等特点，建议以轻便、精简为主，主要配备的安全装备见表 8-3。

表 8-3　应急自救类安全装备配备表

序号	装备名称	解决的风险	主要功能	主要技术要求
1	急救包	R4 高海拔；R6 有毒动植物；R9 暴风雪	急救药品；伤口处理工具	包体采用防水面料；内含创可贴、三角巾、安全剪刀、安全别针、弹力网帽、止血棉、纱布、清创消毒用品、卷式骨夹板（板式）、一次性使用医用橡胶手套
2	强光手电	R9 暴风雪；R11 通信不畅	照明；发出求救信号；驱赶动物	航空级铝合金防水筒身；可充电锂离子电池或镍镉镍氢电池；强光下连续续航时间大于 3h；最高亮度 350lm 以上；最大射程 500m；长度小于 15cm
3	求生哨	R9 暴风雪；R11 通信不畅	发出求救信号；驱赶动物	双管发声；铝合金材质；最大声音 100dB 以上

三、人员定位系统

人员走失事故是地质调查作业中经济损失较大、社会影响恶劣的一类事故，新疆、青海等地区暴风雪、沙尘暴等恶劣天气频繁发生，野外通信基站等基础设施匮乏，通信条件差，容易发生人员走失事故，人员定位系统的配备对于确定人员位置、及时进行施救具有重要作用，其对应的主要安全风险分别为 R1 风沙大、R9 暴风雪、R11 通信不畅、R12 人员走失等，主要配备的安全装备见表 8-4。

表 8-4　人员定位类安全装备配备表

装备名称	解决的风险	主要功能	主要技术要求
北斗卫星定位终端	R1 风沙大；R9 暴风雪；R11 通信不畅；R12 人员走失	遇险自动报警；人员定位	防水外壳设计，防水等级 IP67；精度小于等于 5m，续航时间大于等于 12h

四、野外生存系统

地质调查作业人员在遭遇暴雨、沙尘暴、暴风雪等恶劣天气或发生走失时因无法及时得到食物补给，需要在一定时间内通过自身携带的食品维持正常生命体征，且容易遭到猛兽袭击，因此野外生存安全装备的配备十分必要，其对应主要安全风险分别为 R1 风沙大、R9 暴风雪、R12 人员走失等。鉴于地质调查作业人员负重空间有限，野外安全装备应以重量轻、易携带、体积小、能量高、便于长期保存为首要原则，建议配备的安全装备见表 8-5。

表 8-5　野外生存类安全装备配备表

序号	装备名称	解决的风险	主要功能	主要技术要求
1	水壶	R1 风沙大；R9 暴风雪；R12 人员走失	携带饮用水	容量大于等于 1L；经氧化处理；耐高温；耐烧；耐腐蚀
2	饭盒		盛放、加热食物	经氧化处理；耐高温；耐烧；耐腐蚀
3	打火石		点火取暖	镁合金打火材料
4	折叠		加热食物	
5	固体		加热食物	
6	压缩饼干		提供能量	成品含水量不超过 6%
7	脱水蔬菜		提供维生素	
8	求生刀		防范猛兽袭击；切割	高碳不锈钢材质；刀刃小于等于 6in，全长小于等于 11in；带可靠刀鞘；刀柄防滑设计
9	户外		确定方向	

注：1in＝2.54cm。

五、艰险地区地质调查作业人员安全装备保障体系结构

如图 8-2 所示。

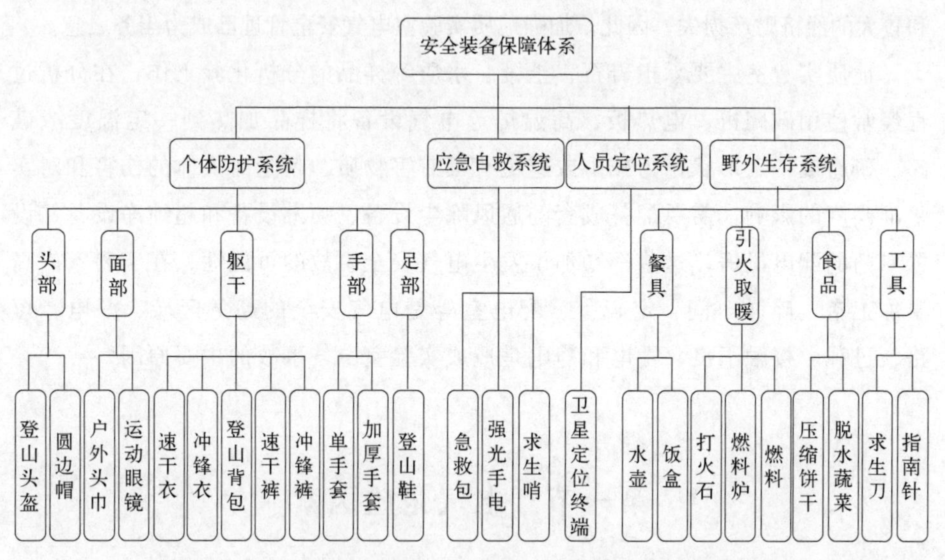

图 8-2　艰险地区地质调查作业人员安全装备保障体系结构图

第九章

岩矿测试分析

2003 年国务院《关于加强地质工作的若干意见》的出台，以及国家西部大开发战略的实施，全国地质行业迎来了发展的又一个春天，随着地质行业的蓬勃发展，作为地质找矿“眼睛”的地质实验室也得到了突飞猛进的发展，以打造高端、学术型实验基地为目的，一大批实验室得以新建、扩建和更新，大量的高、精、尖实验分析仪器和成套设备的进入增强了实验室的测试分析能力。但同时也带来了大量的电气安全隐患，在日常工作中实验人员几乎每天都要接触各种仪器，且大部分实验分析仪器价值较高、设计复杂精密，一旦发生电气事故极有可能造成人员伤亡和较大的经济财产损失，因此，加强地质实验室电气安全管理已成为当务之急。

地质实验室主要承担岩石、土壤、水质等样品的分析化验工作，在分析过程经常使用破碎机、电热板、高温炉等电气设备将样品加热到一定温度或破碎、研磨成一定形状，为减少或避免有毒有害物质、粉尘对人体的伤害和对实验准确度的影响，需要配备成套的通风除尘设备、喷淋设备和超纯净设备并设置专门的配电机房，这些都增加了发生电气安全事故的可能性，在实验室内高温加工室、碎样车间、定硫室、配电室等是电气安全的高危区域，漏电、短路、过载、接触不良、雷电和静电是造成实验室电气事故的主要原因。

第一节　电气危险因素

危险因素是事故发生的必要条件，在实验室日常工作中，人员需要经常操作各类电气设备和仪器，并长时间暴露于作业环境中，可能造成电气事故的危险因素及隐患虽然很多，但造成的后果归纳起来主要有人员触电、仪器损坏和电气火灾三大类。

一、人员触电

触电分为直接接触触电和间接接触触电两种，实验室仪器、线路、仪表、装置在安装、调试、使用、维护过程中，如对触电危险因素不能有效控制，则会引发触电事故，触电时通过人体的电流达到 50mA 以上，就有生命危险，电压越高，通过人体的电流越强，对于人体来说，低于 36V 的电压是安全的，而实验室所用的仪器设备的电压均大于 36V，如：EHP 智能电热板，功率 3600W，使用 50Hz、220V 交流电源；SX2-8-13N 箱式电阻炉，使用 50Hz、380V 电源；颚式破碎机、棒磨机等设备采用 Y 系列电动机驱动，功率 3kW，额定电压 380V；石墨炉原子吸收光谱仪、原子荧光光谱仪等仪器工作电压也都在 220V。以上高温蒸馏、破碎加工等设备在运行过程中如防护不当或出现故障易造成人员间接接触触电，因此必须对实验室的防触电保护措施加以足够重视并进行分析研究，采取相应的保护措施。

1. 仪器接零接地

保护接零和保护接地是防止人员间接接触电击的基本措施，所谓间接接触电击是指触及正常状态下不带电而在故障下意外带电的带电体所引起的电击，当配电变压器中性点不直接接地（三相三线制）时需要对设备进行单独保护接地，而当作为变压器低压绕组中性点直接接地时则采用将设备保护零线与配电系统零干线相连接的保护接零方式。

地质实验室在实际工作过程中经常能够发现保护接零实施不正确或不接地的情形，如在电气线路设计、安装时，没有按照规程要求将设备的保护零线直接与零干线连接，而是简单地通过将保护零线在插座处与工作零线连接，来代替与零干线的连接，这样做的危害在于，一旦工作零线接触不好，电气设备外壳就失去了地线的保护功能，形成危险隐患。电热板、高温炉、破碎机等设备在做单独保护接地时，接地端连接不牢固，接地极设置不合理，使用的接地线过细，会造成保护接地形同虚设。

此外，实验室有相当数量的实验装置使用两相电源插头，既不具备双重绝缘或加强绝缘结构，又未采用安全特低电压供电，而且无任何保护接零/接地措施，在使用这些实验装置时操作人员的安全无法得到保证。

2. 供电电源线

直接接触电击是指触及正常状态下带电的物体形成的电击，在地质实验室中直接接触电击多数是因人员接触破损、裸露的供电电源线造成。实验室中有大量酸、碱性溶剂存在，平时工作中需要经常用到，在实验过程中滴洒在线路表面，易引起电线的绝缘层受腐蚀而老化破损露出金属芯线，若人员不慎触碰则引发触电，同时在某些设备的接线柱和连接端子处电源线因固定不牢而脱落，或因绝缘做得不到位而漏线，在实验过程中人员容易因不慎触及裸露带电体，形成直接接触电击。

3. 漏电保护装置

漏电保护装置也叫漏电保护器，主要用于防止间接接触和直接接触引起的单相触电事故，能够在检测到漏电电流时及时动作切断电源，避免人员持续接触电流。根据国家标准《剩余电流动作保护装置安装和运行》（GB/T 13955—2017）中关于需要安装剩余电流动作保护装置的场所的规定，实验装置无疑是需要实施剩余电流动作保护的，而目前大部分地质实验室的设备仪器没有安装漏电保护装置，或虽然安装漏电保护装置，但连接不正确，起不到保护作用。

二、仪器设备损坏

1. 供电线路

目前的地质实验室综合分析能力较强，可以进行岩矿鉴定、珠宝检测、水质分析等多种测试工作，场所内的仪器种类多而复杂，且不乏高、精、尖仪器，所需的供电电压有380V、220V、110V等不同等级，功率从几十瓦到几万瓦，工作电流从几安培到几十安培不等。例如酸纯化系统的功率为70W、偏反光显微镜为100W、旋转蒸发仪为120W、原子荧光光度计为150W、离心机为450W、能谱仪为650W，以上微电子仪器虽然功率较低，但所需启动电流较大，往往是工作电流的几倍，在启动的瞬间能够造成整条线路的电压波动，如果线路上有正在工作的X射线荧光光谱仪（功率3000W）等大功率仪器，就会引起仪器工作不正常，甚至造成损坏。若是供电线路截面面积过小，也会影响仪器的正常使用和寿命。线路截面过小会使压降增大，而大功率仪器的频频启动会产生脉冲电压，这些脉冲电压很容易损坏元件或引起读数波动、数据丢失等故障。

2. 静电危害

静电是指相对静止的电荷，它是一种常见的物理现象，是由物体之间的相互接触、摩擦、碰撞、受压、感应等而产生的。静电的特点是隐蔽性强、电压高、能量小，在空气干燥的季节里，会产生 600～15000V 的静电电压，如果湿度为 20%以下时，静电电压可高达 3×10^4V。静电轻则可造成对仪器的干扰、性能不稳定，重则可导致电子元器件击毁。据统计，美国的电子行业，每年因静电造成损失高达 100 多亿美元；英国电子产品每年因静电造成损失为 20 亿英镑；日本不合格的电子器件中有 45%是由静电而引起的。

静电的危害主要表现为吸附灰尘降低仪器绝缘电阻、静电放电和电磁辐射场干扰三种形式。其中，静电放电是造成仪器内部元件损伤最常见和最主要的原因，静电放电又称为 ESD 效应，当物体表面储存的静止电荷积累到足够多时，一旦有导电通路就会发生电荷释放，产生静电放电。电子元件在受到 ESD 应力后并不马上失效，而会继续“带伤工作”并在使用过程中逐渐退化或突然失效，同时 ESD 还能产生很大的电磁场幅度（达几百伏/米）和频谱（从几十兆到几千兆），对电子元件造成干扰甚至损坏。

随着科学技术的发展，实验仪器的电子化程度越来越高，为节省时间、提高准确程度，很多高端实验仪器的数据分析、显示、运算都是通过电子系统实现的，如电子探针显微分析仪、激光剥蚀器系统、X 射线荧光光谱仪、电感耦合等离子体质谱仪等价值均在上百万元的仪器，在这些仪器中应用了大量的电子集成模块和电子元件，一旦发生静电损害，造成的经济损失将会是巨大的。静电对电子元件损伤的潜在性和累积效应会严重地影响实验仪器的使用可靠性，静电干扰不仅能破坏仪器内存，引起仪器错操作，严重的还会烧毁电路芯片和整个电路板。

3. 感应雷击

随着各类先进电子实验仪器的广泛应用，其受雷击危害概率大大增加，尤其容易受到感应雷击危害。感应雷击就是直击雷放电的能量通过电磁感应和静电感应方式向四周辐射，导致设备过电压放电。由于高端实验仪器是集电脑技术与集成微电子技术的产品，由信号采集、传输、存储、检索等多环节组成，给雷电耦合提供了条件，电源进线接口、信号的输入输出接口的线路较长等是感应脉冲过电压容易侵入的原因，也是过电压波侵入的主要通道。

三、电气火灾

实验室电气火灾主要是由电气设备、线路、仪表、装置在正常状态或故障状态下产生的发热或电火花防范不当引起的。当导线、电缆出现短路、过载、局部过热、电火花或电弧等非正常状态时，所产生的热量远远超过正常状态，线缆的绝缘外皮很可能直接被电火花或电弧引燃，或者是在高温作用下发生自燃。线缆在着火的同时，会产生有毒气体，对在场的实验人员造成伤害。颚式破碎机、棒磨机、振动磨等破碎设备采用三相交流异步电动机作为动力机，电动机在连续运行中，其定、转子绕组的导线和绝缘的温度经常在 90～100℃，甚至更高，当出现系统电压降低、转速降低、负载加大、通风不良、两相运行等情况时，电动机定、转子绕组将超过绝缘的允许温度（A 级为 105℃，B 级为 130℃），随时都有着火的危险。更为严重的是，电动机绝缘因故损毁造成短路时，产生电弧，电弧温度在 3000℃以上，周围物体将会被电弧点燃。

第二节　电气危险因素评分

实验室仪器设备种类较多，且在日常工作过程中涉及的工序多种多样，不同的工序和仪器设备的完成、操作人员也不尽相同，因此要想对实验室各类电气危险因素进行综合判别评价，就要结合工作实际分阶段或工序进行，从事故发生的可能性（L）、人员暴露在危险中的频繁程度（E）和事故严重度（C）三个方面进行评价打分，最后根据“$LEC=D$”得出电气风险分值（D），并依据分值确定危险程度。实验室电气危险因素辨识及危险程度确定见表 9-1。

表 9-1　实验室电气危险因素辨识及危险程度确定表

工序	部位	危险因素名称	L	E	C	D	危险程度
制样粉碎	漏电保护器	未装设漏电保护器	3	6	15	270	高度危险，要立即整改
		连接不正确，起不到保护作用	3	6	15	270	高度危险，要立即整改
	保护接地	设备未做接地	3	6	15	270	高度危险，要立即整改
		接地线过细，电阻大	6	6	7	252	高度危险，要立即整改
		接地线与设备连接不紧密	1	6	4	24	一般危险，需要注意
		接地体设置不合格	1	6	4	24	一般危险，需要注意

续表

工序	部位	危险因素名称	L	E	C	D	危险程度
制样粉碎	保护零线	接线盒未连接保护零线	3	6	7	126	显著危险,需要整改
	电动机	过热引起火灾	1	6	1	6	稍有危险,可以接受
		过热烧毁设备	1	6	4	24	一般危险,需要注意
	电源线	破损漏线	3	6	7	126	显著危险,需要整改
		温度过高熔化起火	3	6	1	18	稍有危险,可以接受
定硫定碳	漏电保护器	未装设漏电保护器	3	6	15	270	高度危险,要立即整改
		连接不正确,起不到保护作用	3	6	7	126	显著危险,需要整改
	保护接地	设备未做接地	3	6	15	270	高度危险,要立即整改
		接地线过细,电阻大	6	6	4	144	显著危险,需要整改
		接地线与设备连接不紧密	1	6.	4	24	一般危险,需要注意
		接地体设置不合格	3	6	4	72	显著危险,需要整改
	保护零线	未连接保护零线	6	6	4	144	显著危险,需要整改
	电热板	外壳过热引起火灾	1	6	1	6	稍有危险,可以接受
		外壳过热烧毁设备	1	6	1	6	稍有危险,可以接受
	电源线	破损漏线	3	6	15	270	高度危险,要立即整改
		温度过高熔化起火	6	6	4	144	显著危险,需要整改
高温干燥	漏电保护器	未装设漏电保护器	6	6	7	252	高度危险,要立即整改
		连接不正确,起不到保护作用	3	6	4	72	显著危险,需要整改
	保护接地	设备未做接地	3	6	15	270	高度危险,要立即整改
		接地线过细,电阻大	3	6	4	72	显著危险,需要整改
		接地线与设备连接不紧密	1	6	4	24	一般危险,需要注意
		接地体设置不合格	3	6	4	72	显著危险,需要整改
	保护零线	未连接保护零线	3	6	4	72	显著危险,需要整改
	电源线	破损漏线	1	6	7	42	显著危险,需要整改
		温度过高熔化起火	6	6	4	144	显著危险,需要整改
样品分析	脉冲电压	线路截面细,产生脉冲电压	3	6	1	18	稍有危险,可以接受
	静电	吸附灰尘增大仪器电阻	3	6	1	18	稍有危险,可以接受
		放电	3	6	7	126	显著危险,需要整改
		电磁场干扰	1	6	4	24	一般危险,需要注意
	插头	两相插头方向插反	3	6	7	126	显著危险,需要整改
	感应雷击	雷雨天使用仪器	1	2	4	8	稍有危险,可以接受

第三节 实验室电气安全管理对策措施

防范电气安全事故发生，关键在于对造成事故的因素进行合理有效的管控，应当从“人、机、环”三个方面着手制定管理对策，“人”即实验室的操作人员，“机”是指仪器设备的自身安全性能和安全防护装置，而“环”则是实验室易诱发事故的不利环境。其中的“人”和“环”可以看作是实验室电气安全管理的软件支持，而“机”则是硬件支持，要想防止电气事故发生，关键在于结合实验室自身危险辨识情况找到人、机、环之间的契合点，从而制定相应的对策。

一、人员安全管理

电气安全管理中“人”的控制，主要概括为事前预防、事中控制和事后补救。目前实验室部分操作人员安全意识淡薄，缺乏自我保护的主动性和自觉性，如身体误碰带电设备触电、仪器未接地导致外壳带电造成人员触电等事故，其主要原因均是操作人员安全意识不强或缺乏电气安全知识等，因此必须通过正确的安全宣传教育对员工进行引导，使其树立扎实的安全理念，具备必需的安全知识。

1. 安全教育培训

安全教育培训作为电气事故事前预防措施是提高实验人员电气安全知识、安全操作技能和隐患排查能力的最直接、有效的手段，需要长期坚持、反复加强。电气安全教育培训不仅要注重内容还要讲究方式方法，要根据国家电气安全相关规范进行，更要结合实际工作情况、操作人员岗位特点和事故案例分析进行全方位的培训，采用说教结合、理论与实际相结合的方式进行，在培训时有侧重点，现场演示说明安全设施的使用、安全保护装置的正确设置以及可能存在隐患或易发事故的部位。在培训结束时要进行闭卷考试，并将安全考试成绩纳入职工年度绩效考核范畴，增强人员学习电气安全知识的主动性，从而达到提高安全意识、增强安全素质的目的。宣传是培育安全文化氛围的先导，在日常的实验室电气安全管理中可以采取张贴宣传画、在重点部位设置警示标志牌、制作宣传橱窗或宣传展板等方式为员工灌输电气安全知识，提高安全文化氛围。

2. 应急管理

加强应急管理，配备充足的应急资源，建立完善的应急救援组织体系能够更好地对“人”进行事中和事后控制，良好的应急管理能够减少或降低事故造成的人身伤亡和财产损失。在日常工作中应当结合实验室工作实际和危险源辨识评价结果编写应急救援预案，明确应急准备、响应、恢复程序，注重应急预案编制的实效性和可操作性，尽可能简化一些不必要的流程和过场，经常组织有针对性的应急演练，锻炼处理各类电气事故的能力和反应速度。

二、仪器安全运行保障

保障仪器安全运行的前提条件是提升仪器的本质安全程度，同时增强电气安全防护装置、设施的可靠性，仪器设备能够安全运行，安全设施处于正常状态才能够保障人员和财产安全。重点做好接地接零、漏电保护、供配电线路、静电防止和防雷 5 项工作，其中做好高温、破碎、电加热灯设备的接地接零工作，按照操作规程和相关规范要求连接零线或接地线，可以防止发生漏电；安装质量合格、参数匹配、性能达到安全标准的漏电保护器，不但能够避免设备受损，还能及时切断电源防止触电；适当增大供电线路截面，根据用电设备数量提前预留线路余量，能够有效防止线路过负荷引起的脉冲电压和过热现象，从而保护了贵重仪器的安全；通过在仪器上安装接地线，并设置良好的接地体可以将仪器在使用过程中产生的静电泄漏，防止静电聚集对仪器造成损伤。

三、环境不安全因素排除

排除周围不安全环境因素有助于降低电气安全隐患存在的可能性，防止实验仪器和供配电系统因受到周围灰尘、潮湿、高温、酸碱等不良环境的影响发生电气故障损坏。高温、酸碱环境能够造成电缆外皮熔化或腐蚀造成漏电，灰尘易使仪器受到静电影响造成损坏，潮湿将严重影响高端仪器的检测精准程度，因此应加强对实验室环境管理的重视程度，尽可能排除周围环境不利因素。如高温室、定硫室、配电室的配电柜、电热板、干燥箱等易产生较高温度的设备，应当装设通风设备并在必要时进行降温处理；碎样车间中的样品粉尘较多，需要对其进行专门的降尘、除湿处理；经常使用到酸、碱等腐蚀性液体的场所要保持干净整洁，定期进行擦洗打扫；高端精密仪器的使用场所要装设恒温恒湿空调控制周围环境温度和湿度，防止仪器受到静电干扰进而影响使用精度、寿命。

第十章

地质勘探安全生产实用新型设备

第一节　地质勘探野外作业用地质锤

地质锤是地质勘探作业必不可少的工具，目前，常用的地质锤结构包括锤头和锤柄，在野外勘探作业时用地质锤敲击岩石，对于一些硬质岩石还需要另外配备尖头凿等工具，其重量大，不利于携带，而且在敲击作业时，碎石飞溅容易伤到作业人员，这就是现有技术所存在的不足之处。实用新型要解决的技术问题，就是针对现有技术所存在的不足，而提供一种地质勘探野外作业用地质锤，该地质锤除了具备普通地质锤的功能外，还有专供硬质岩石使用的锯齿刀片，且在敲击作业时不会因碎石飞溅而伤到作业人员。

地质勘探野外作业用地质锤（如图 10-1 所示），包括锤头 2 和锤柄 3，锤头 2 的一端为平面敲击端 1，另一端为平口凿 7，它还包括与锤头 2 材质相同的上锯齿刀片 13 和下锯齿刀片 11，优选锤头 2 为钢质锤头，上锯齿刀片 13 和下锯齿刀片 11 为钢质刀片，以保证其强度。上锯齿刀片 13 和下锯齿刀片 11 相互贴合且与锯齿 15 对齐设置，以增强锯齿 15 作业的锋利度，上锯齿刀片 13 和下锯齿刀片 11 中与锯齿 15 相对的一端分别设置有连接段 9，连接段 9 分别与上锯齿刀片 13 和下锯齿刀片 11 贴合并采用可拆卸固定连接，优选两连接段 9 与上锯齿刀片 13 和下锯齿刀片 11 的可拆卸固定连接为螺栓连接，这种结构可以保证上锯齿刀片 13 和下锯齿刀片 11 的方便拆装。上锯齿刀片 13 和下锯齿刀片 11 位于两连接段 9 之间的端面与平口凿 7 的端面配合，一方面可以保护平口凿 7 的端面，另一方面可以增强上锯齿刀片 13 和下锯齿刀片 11 的稳定性和强度。上锯齿刀片 13 中与下锯齿刀片 11 的贴合部设置有定位肩 A12，下锯齿刀片 11 的相应部位设置有与定位肩 A12 配合的定位肩 B10，定位肩 A12 和定位肩 B10 配合进一步保证了上锯齿刀片 13 和下锯齿刀片 11 的稳定性，使两者不会出现移位。

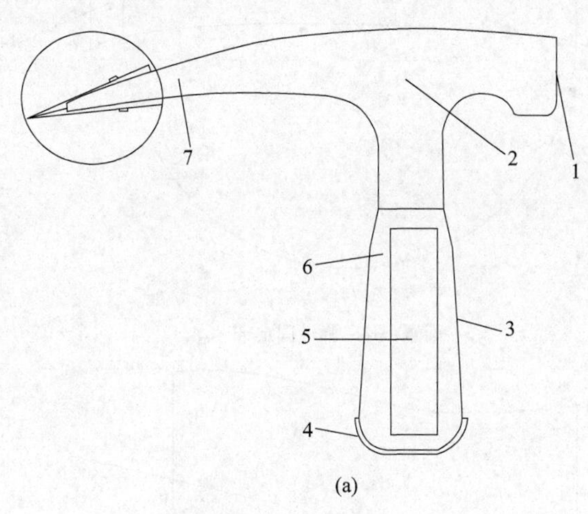

(a)

1—平面敲击端；2—锤头；3—锤柄；4—端盖；
5—面罩；6—中空结构；7—平口凿

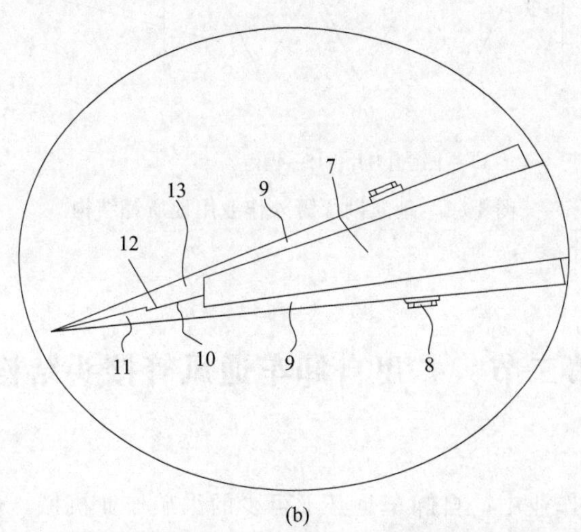

(b)

8—螺栓组件；9—连接段；10—定位肩B；11—下锯齿刀片；12—定位肩A；
13—上锯齿刀片

图 10-1

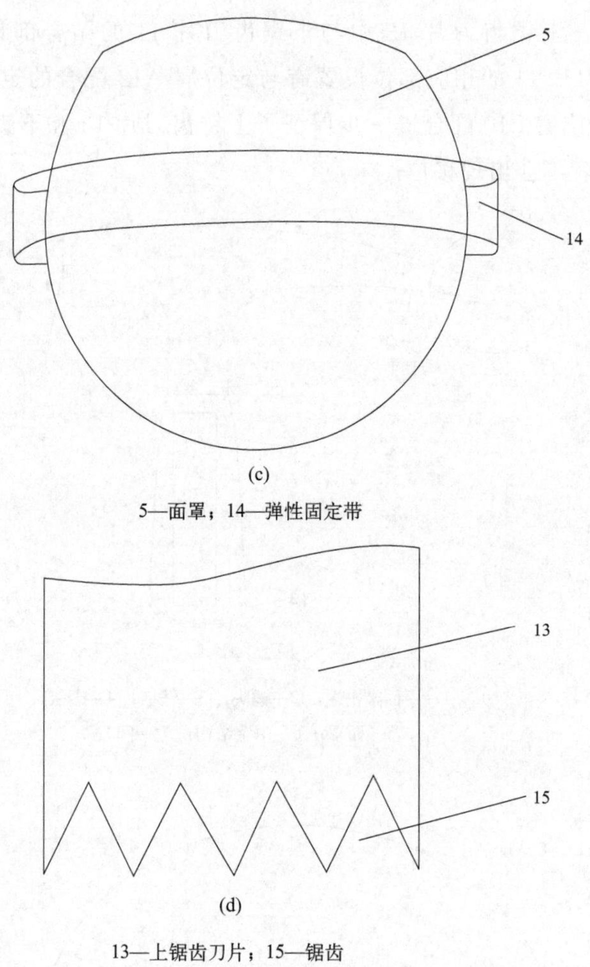

(c)

5—面罩；14—弹性固定带

(d)

13—上锯齿刀片；15—锯齿

图 10-1　地质勘探野外作业用地质锤结构

第二节　矿用自卸车通风管接头结构

在野外采矿作业中，自卸车是必不可少的采矿作业机械，作业过程中，自卸车的电气柜散发大量的热量，如果不及时散热，则会影响电气柜的使用寿命，目前，电气柜通风系统一般采用两管插接后用卡箍固定的方式，在作业过程中，两管容易松动，导致密封不严甚至脱落，严重影响作业效率和设备使用寿命。本实用新型要解决的技术问题，就是针对现有技术所存在的不足，而提供一种矿用自卸车通风管接头结构，该接头结构密封性能好，可以有效提高作业效率，并延长设备的使用寿命。

矿用自卸车通风管接头结构如图10-2所示，包括相互对接的通风管道A1和通风管道B11，通风管道A1与通风管道B11的外径相等，且通风管道A1的内径小于通风管道B11的内径，通风管道A1与通风管道B11的内径差为2～3cm，这样在实现该接头结构正常安装的情况下不影响通风。通风管道A1的风道端部设置有锥形扩口段5，且扩口段5的外端部与通风管道A1的端面平齐，通风管道B11的端部外伸设置有与扩口段5配合的锥形段6，锥形段6与扩口段5配合，在实现通风管道A1与通风管道B11连接的同时，可以增强两者连接的气密性，通风管道A1与通风管道B11的接合面之间设置有密封圈7，可以进一步增强通风管道A1与通风管道B11的密封性能。通风管道A1的端面上至少设置有两个定位孔13，通风管道B11的端面上设置有与定位孔13配合的定位销12，定位销12与定位孔13配合，可以保证通风管道A1与通风管道B11之间无相对转动，保证了连接的稳定性。

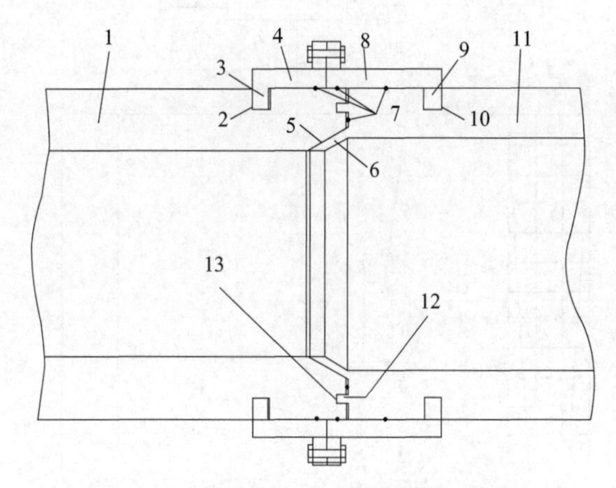

图10-2　矿用自卸车通风管接头结构图

1—通风管道A；2—环形槽A；3—环形定位台A；4—法兰盘A；5—扩口段；6—锥形段；7—密封圈；8—法兰盘B；9—环形定位台B；10—环形槽B；11—通风管道B；12—定位销；13—定位孔

第三节　地质勘探作业用移动式配电箱

在地质勘探作业临时用电中，配电箱是必不可少的配置，尤其是在岩芯钻探和物探电法作业中更是必不可少。目前通用的配电箱均为标准配置的箱体结构，在施工中遇到雨天时，需要将配电箱移动到有遮蔽处，移位时，需用小车拉动，费时费力。此外，作业人员将作业数据记录在纸张上置于配电箱上，以备随时查看，纸张容易丢失或污损，这就是现有技术所存在的不足之处。本实用新型要解决的技术问题，就是针对现有技术所存在的不足，而提供一种地质勘探作业用移动式配电箱，该配电箱移位方便，且自带防雨工具，使用方便。

地质勘探作业用移动式配电箱（如图 10-3 所示），包括带有箱门 7 的箱体 6，箱体 6 的底部设置有行走轮 8，顶部固定连接有 T 形把手 4，箱体 6 的一侧设置有网格状雨伞收纳架 9，T 形把手 4 的中间设置有与雨伞 1 中伞柄配合的雨伞安装孔 10，伞柄与雨伞安装孔 10 为间隙配合，伞柄的端部设置有径向定位孔 A2，T 形把手 4 的侧壁上设置有与径向定位孔 A2 对应的径向定位孔 B，径向定位孔 B 内安装有与其和径向定位孔 A2 配合的定位销 5。采用这种结构形式后，配电箱需要移位时，由于有行走轮 8，作业人员通过 T 形把手 4 即可拉动整个配电箱，方便、省力。雨天时，可将雨伞 1 插入雨伞安装孔 10 内，

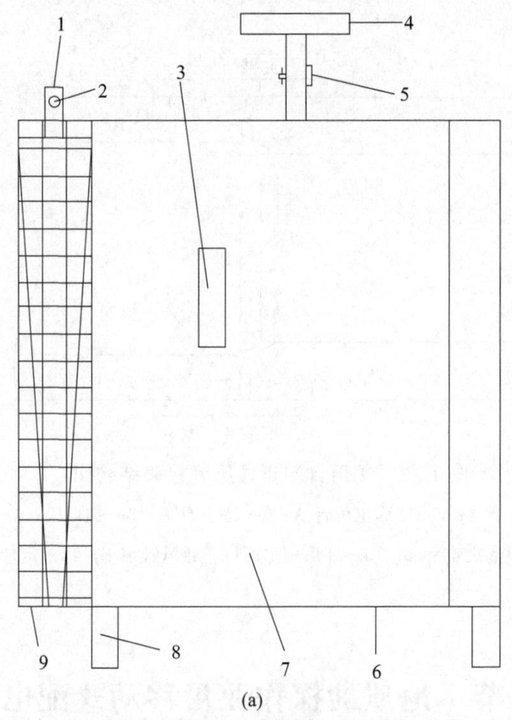

(a)

1—雨伞；2—径向定位孔A；3—门把手；4—T形把手；5—定位销；
6—箱体；7—箱门；8—行走轮；9—雨伞收纳架

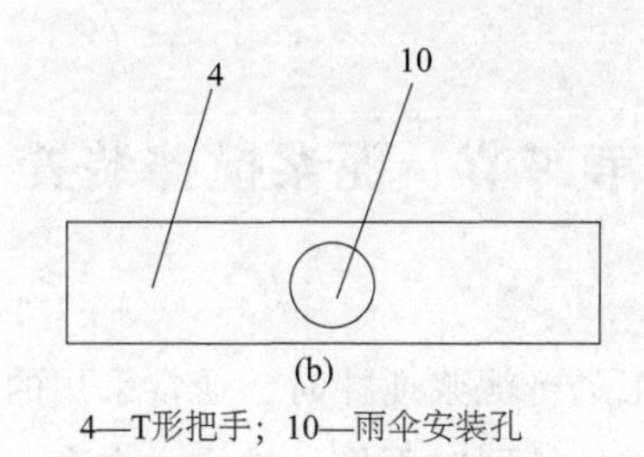

(b)

4—T形把手；10—雨伞安装孔

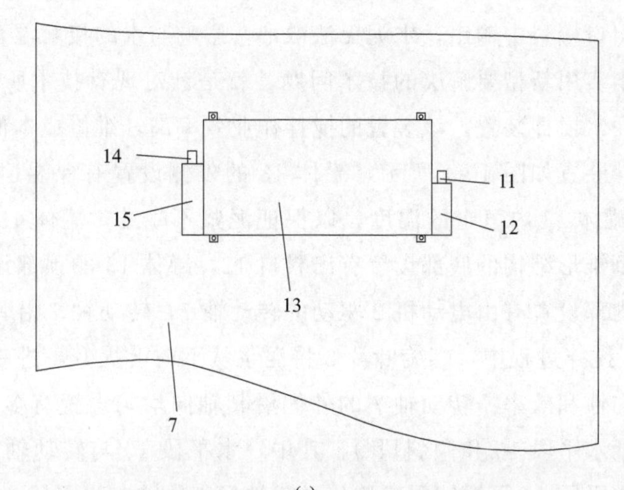

(c)

7—箱门；11—板擦；12—板擦架；13—白板；14—笔；15—笔架

图 10-3　地质勘查作业用移动配电箱

并通过定位销 5 固定，防止雨伞 1 被风吹落，不用时可将雨伞 1 放在雨伞收纳架 9 内，且雨伞收纳架 9 为网格状，可以方便沥掉雨伞 1 上的雨水。箱门 7 的内侧壁上固定有白板 13，白板 13 的两侧分别设置有笔架 15 和板擦架 12，笔架 15 上设置有笔槽，且笔槽的深度小于笔 14 的长度，笔槽与笔 14 为过盈配合，可以防止笔 14 掉落丢失。板擦架 12 上设置有板擦槽，且板擦槽的深度小于板擦 11 的长度，板擦槽与板擦 11 为过盈配合，可以防止板擦 11 掉落丢失。笔架 15 的外侧面设置有与笔槽相通的缺口 A，缺口 A 的长度与笔槽的深度相等，如果笔 14 被卡住，则可将手指通过缺口 A 伸入笔槽内将笔 14 向上推，即可将笔 14 取出。板擦架 12 的外侧面设置有与板擦槽相通的缺口 B，缺口 B 的长度与板擦槽的深度相等，如果板擦 11 被卡住，则可将手指通过缺口 B 伸入板擦槽内将板擦 11 向上推，即可将板擦 11 取出。采用这种结构后，作业人员不需再用纸张记录与该配电箱相关的数据，直接用白板 13 记录即可，不会丢失，也不会被污损，并且可以重复利用。

第四节　泥浆搅拌装置

目前，地质勘探施工进行泥浆搅拌时，通常采用的搅拌罐中，搅拌叶片磨损后无法单独更换，需连转轴同时更换，维修成本高，而且进料过程中，水泥由进料管的出口端集中输出，水泥无法散形，影响与水的接触混合，从而影响搅拌效率。本实用新型要解决的技术问题，就是针对现有技术所存在的不足，而提供一种泥浆搅拌装置，该装置的搅拌作业效率高，维修成本低。

泥浆搅拌装置如图 10-4 所示，罐体 13 的外侧设置有保温层 14，保温层 14 可以维持罐体 13 内恒定的温度，以保证泥浆不凝结，罐体 13 的底部为倒锥形结构，倒锥形结构的底部设置有出料口 12，罐体 13 的顶部设置有电动机 2，罐体 13 内部设置有由电动机 2 驱动的转动轴 7，转动轴 7 沿其轴向设置有螺旋叶片 8。搅拌过程中，螺旋叶片 8 将泥浆从下向上提升，进一步提高了泥浆混合的均匀性和效率。转动轴 7 的外侧沿其轴向均匀设置有多个搅拌叶片，搅拌叶片包括水平段 10 和倾斜段 9。其中，水平段 10 与转动轴 7 固定连接，倾斜段 9 与水平段 10 可拆卸固定连接，优选倾斜段 9 与水平段 10 的可拆卸固定连接为螺栓连接，在满足使用要求的前提下，可以方便拆卸。搅拌叶片中的易磨损部位倾斜段 9 可拆卸，更换方便，不需整体更换搅拌机构，从而降低了维修成本。倾斜段 9 在罐体 13 内自内向外自上向下倾斜，倾斜段 9 与水平段 10 之间的夹角为 150°～170°，优选倾斜段 9 与水平段 10 之间的夹角为 160°。采用这种结构后，搅拌叶片转动过程中，使泥浆在水平和垂直方向均有混合流动过程。与现有技术中的水平搅拌叶片相比，在转动轴 7 的转速相等的情况下，采用倾斜段 9 后，其搅拌效果更好，搅拌效率更高。罐体 13 的顶部还设置有料箱 3，料箱 3 的外侧壁设置有振动电机 4，在振动电机 4 的作用下料箱 3 不会堵塞，可以持续稳定供料，罐体 13 内部设置有与料箱 3 的出料口连接的圆台形出料段 6。罐体 13 侧壁的上部设置有进水管 1，进水管 1 伸入罐体 13 内部，进水管 1 的下部设置有多个喷头 5，且喷头 5 的底部高于出料段 6 的底部 4～8cm，优选喷头 5 的底部高于出料段 6 的底部 6cm，这样可以使水泥先均匀散开再与水接触混合，可以提高混合效率。

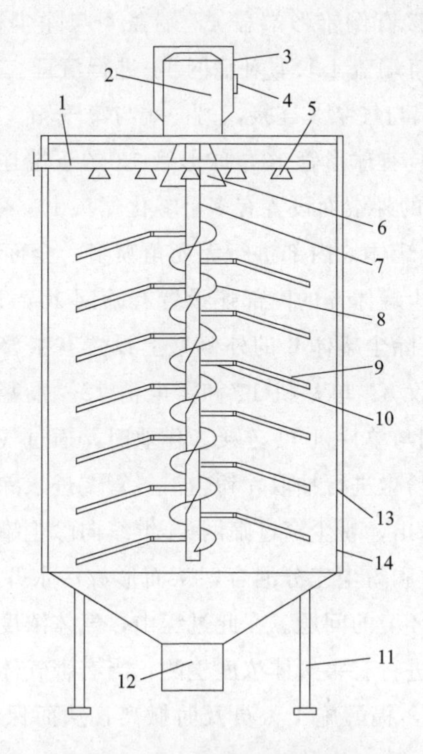

图 10-4　泥浆搅拌装置结构图

1—进水管；2—电动机；3—料箱；4—振动电机；5—喷头；6—出料段；7—转动轴；8—螺旋叶片；9—倾斜段；10—水平段；11—支腿；12—出料口；13—罐体；14—保温层

第五节　锚杆钻机施工除尘器

锚杆钻机在施工过程中，会产生大量的粉尘，不仅污染环境，而且对人体和机身有伤害。此外，工作环境有时候会产生有害气体，作业人员如果不能及时辨别，会危及其人身安全。本实用新型要解决的技术问题，就是针对现有技术所存在的不足，而提供一种锚杆钻机施工除尘器，该除尘器可以有效除渣和除尘，同时可以检测施工工地产生的有害气体，保护了施工人员的人身安全。

锚杆钻机施工除尘器（如图 10-5 所示）结构包括除尘罐体 6、气泵 3、气管 2、集气箱 1。除尘罐体 6 的下端为锥形，锥形底部设置有常开型排污口，除尘罐体 6 的顶部连接有倒锥形端盖 4，端盖 4 与除尘罐体 6 的顶部螺纹连接，这样可以方便地将端盖 4 取下对筛网 14 进行清理。端盖 4 的上端安装有气泵 3。气管 2 的一端与气泵 3 连接，另一端与集气箱 1 连接。除尘罐体 6 内通过支撑架 9 支撑安装有球形管 13，球形管 13 的下端连接有伸出除尘罐体 6 的水管 5，球形管 13 的外端面设置有多个雾化喷头 10。雾化喷头 10 安装在球形管 13 上可以对除尘罐体 6 内部进行无死角喷射，全面覆盖粉尘，从而保证良好的除尘效果。除尘罐体 6 的内部还设置有筛网 14，且筛网 14 位于水管 5 和球形管 13 的上方。除尘罐体 6 的外侧壁上设置有报警器 7，支撑架 9 上还设置有气体浓度检测仪 8、单片机 11 和蓄电池 12。报警器 7、气体浓度检测仪 8 和蓄电池 12 分别与单片机 11 连接。作业时，通过气泵 3 对连接在排渣口处的集气箱 1 内部的粉尘进行抽取，粉尘沿气管 2 进入除尘罐体 6 内部，大块的石渣会被筛网 14 滤出，粉尘穿过筛网 14 继续向除尘罐体 6 的下部运行，雾化喷头 10 将水雾化后和粉尘充分混合，从而形成污水并从排污口流出，避免了粉尘直接外排污染环境的问题。在此过程中，气体浓度检测仪 8 会对抽取到除尘罐体 6 内的气体进行有害气体浓度检测，当有害气体浓度超标时，单片机 11 控制报警器 7 报警，提醒施工人员及时撤离，从而保证了施工人员的人身安全。

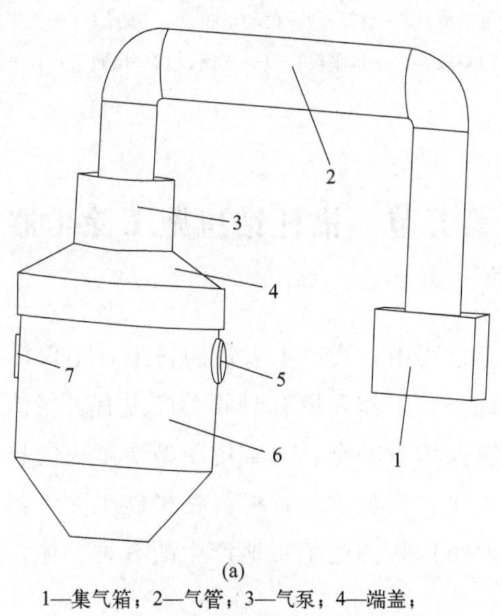

(a)

1—集气箱；2—气管；3—气泵；4—端盖；

5—水管；6—除尘罐体；7—报警器

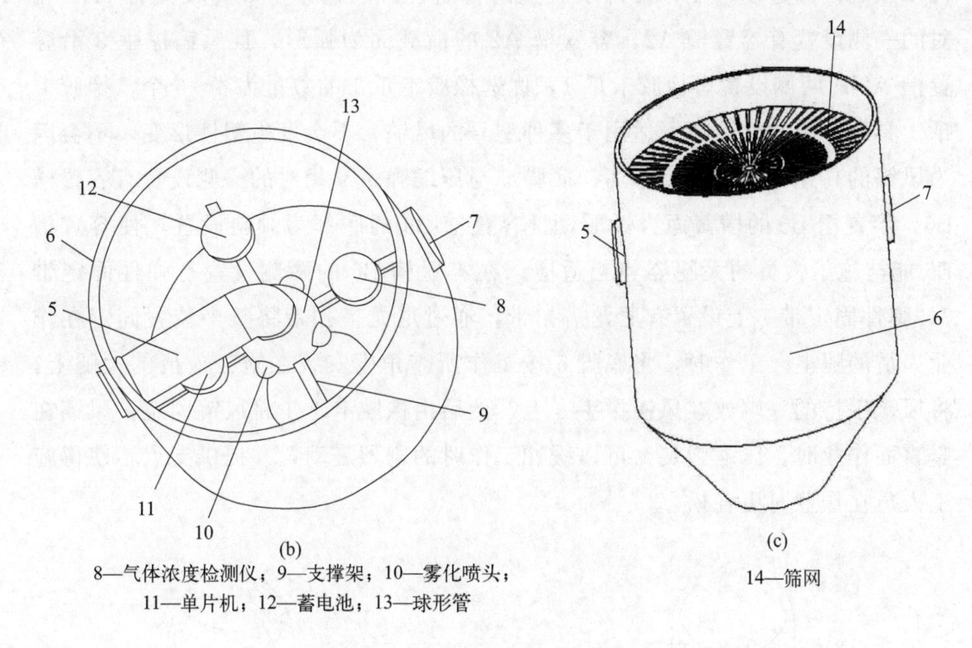

8—气体浓度检测仪；9—支撑架；10—雾化喷头；
11—单片机；12—蓄电池；13—球形管

14—筛网

图 10-5　锚杆钻机施工除尘器结构

第六节　风镐辅助支撑装置

风镐是一种以压缩空气为动力、利用冲击作用破碎坚硬物体的手持施工机具，属于煤矿作业的专业工具。由于风镐把手尺寸有限，只能单手握持，并向风镐施加沿着气缸长度方向的作用力，这样风镐在作用于竖直面时，如向上掏臂窝及落煤等工作，单手无法较为稳定地握持风镐，以致其工作稳定性差，无法精确开凿。实用新型要解决的技术问题，就是针对现有技术所存在的不足，而提供一种风镐辅助支撑装置，该装置能够辅助施工人员更好地握持风镐，提高手持作业的稳定性及作业精度。

风镐辅助支撑装置如图 10-6 所示。底脚 5 和风镐撑手 3 的相对端之间连接有压缩弹簧 9，压缩弹簧 9 内设置有支撑杆 A10 和支撑杆 B8，支撑杆 A10 和支撑杆 B8 的相对端之间留有间距，相背端分别与风镐撑手 3 和底脚 5 固定连接。压缩弹簧 9 外周包覆有橡胶皮套 4，在自然放松状态下，支撑杆 A10 和支撑杆 B8 的相对端并不接触，其作用是不影响压缩弹簧 9 纵向形变的同时还可以限制横向过度形变，提升了装置的稳定性。风镐撑手 3 与支撑杆 A10 相对的一侧设置有容置槽 A2，容置槽 A2 的横截面为弧形，且风镐撑手 3 沿容置槽 A2 的两侧设置有橡胶卡爪 1，优选橡胶卡爪 1 的数量为 4～6 个。橡胶卡爪 1 具有一定的弹性，可适用于多种型号的风镐，不会发生塑性形变，不会因为风镐的高速抖动而发生损坏。底脚 5 与压缩弹簧 9 相对的一侧设置有容置槽 B6，容置槽 B6 的横截面为弧形，且容置槽 B6 的底部为倾斜设置，使容置槽 B6 能与施工人员的大腿姿势相适应。在容置槽 B6 的两侧设置有弹性固定带 7，弹性固定带 7 上设置有尼龙搭扣带，通过尼龙搭扣带将整个装置固定在作业人员的腿上。工作时，将底脚 5 按工作所需角度安装在施工人员的大腿上，将风镐手持的一端放在风镐撑手 3 上，然后由橡胶卡爪 1 将风镐固定，风镐在竖直面作业时，压缩弹簧 9 可以缓冲工作时的剧烈震动，并提供支点，使得施工人员在作业时更轻松。

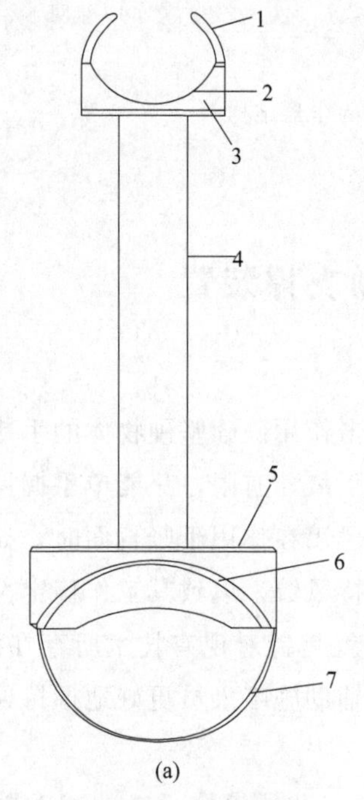

(a)

1—橡胶卡爪；2—容置槽A；
3—风镐撑手；4—橡胶皮套；
5—底脚；6—容置槽B；7—弹性固定带

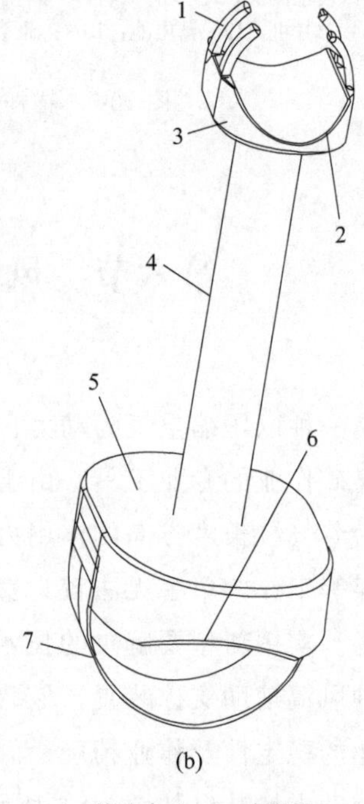

(b)

1—橡胶卡爪；2—容置槽A；
3—风镐撑手；4—橡胶皮套；
5—底脚；6—容置槽B；7—弹性固定带

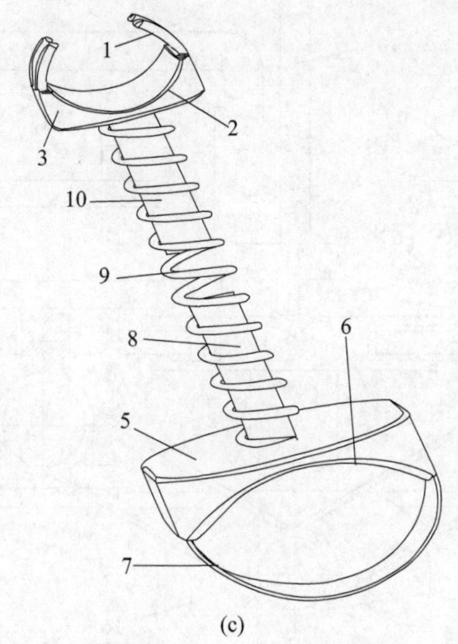

(c)

1—橡胶卡爪；2—容置槽A；3—风镐撑手；5—底脚；6—容置槽B；
7—弹性固定带；8—支撑杆B；9—压缩弹簧；10—支撑杆A

图 10-6　风镐辅助支撑装置结构图

第七节　岩芯切割机

岩芯切割是把地质钻探获取的质地岩，进行母线的切割分为 1/2 或者 1/4，目前采用的切割机有两种类型：一种是劈压式，将岩芯试样放在压力机下，用强大的压力劈开岩芯试样，这种机器，没有规则的切缝，很容易造成岩芯试样的损坏，是一种较为落后的设备；另一种是将岩芯放在带有沟槽的架子上，用金刚石锯片进行切割，它具有夹紧装置，但是整体的切割操作都是由人工完成，切割过程断续，耗费时间长，生产效率低。

一种岩芯切割机如图 10-7 所示。机架 13 的中部支撑安装有机架滑轨 12，机架 13 上位于机架滑轨 12 的两侧对称设置有由动力装置驱动的蜗杆 20，具体来说，动力装置包括驱动电机 16，驱动电机 16 分别通过皮带传动机构 15 驱动两蜗杆 20。蜗杆 20 的上端分别设置有与其配合的蜗轮 5，蜗轮 5 安装在支承板 6 的下端面，蜗杆 20 与蜗轮 5 的配合实现试样的平动。支承板 6 的两侧分别设置有滑块 1，机架 13 和机架滑轨 12 上分别设置有与滑块 1 配合的滑

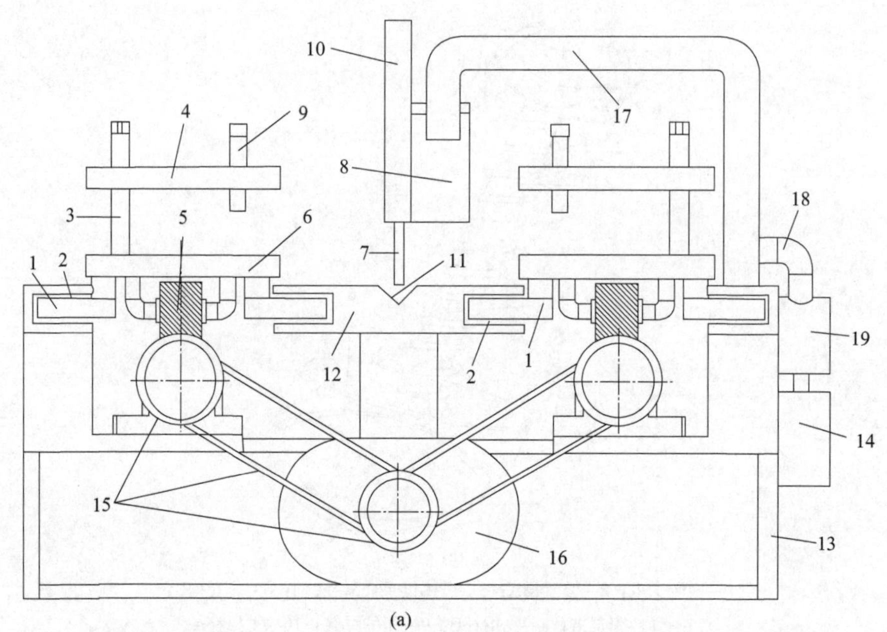

(a)

1—滑块；2—滑槽；3—支撑杆；4—压紧板；5—蜗轮；6—支承板；7—切割刀；8—电动机；9—垂直压紧螺钉；10—保护罩；11—切割槽；12—机架滑轨；13—机架；14—切割液储存罐；15—皮带传动机构；16—驱动电机；17—电动机安装支架；18—输送管；19—水泵

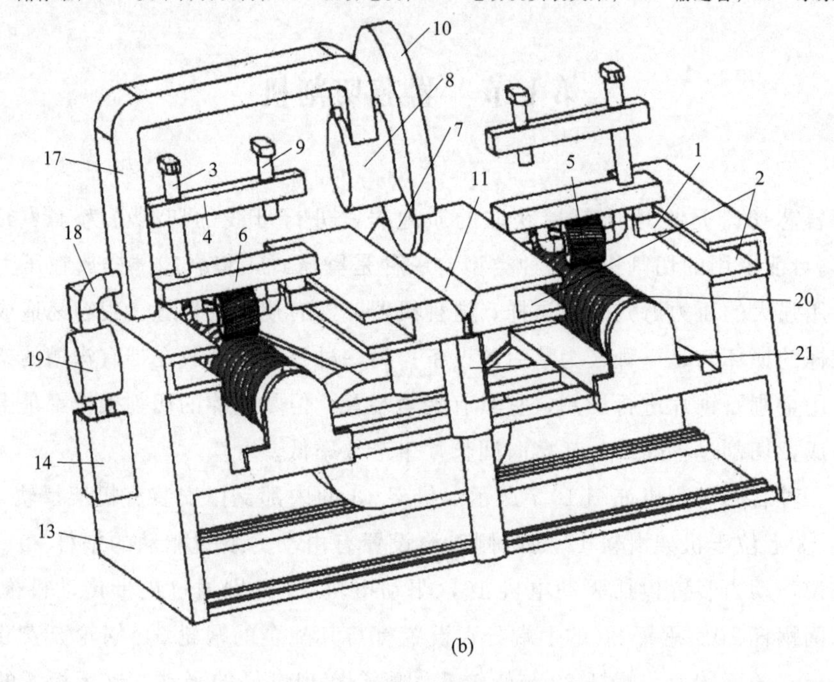

(b)

20—蜗杆；21—废液回收桶

图 10-7　岩芯切割机结构图

槽2，滑槽2为实现试样的前后移动提供固定轨道。支承板6的上端通过支撑杆3平行安装有压紧板4，压紧板4上设置有垂直压紧螺钉9。机架滑轨12的顶面中部设置有V形切割槽11，机架滑轨12的底面端部设置有与切割槽11配合的废液回收桶21，废液回收桶21用于回收废弃的冷却液，避免对周围环境造成污染。切割刀7位于切割槽11的正上方，机架13上架设有电动机安装支架17，电动机8固定安装在电动机安装支架17的端部，切割刀7安装在电动机8的输出轴上，且切割刀7的外侧设置有保护罩10，保护罩10固定安装在电动机8上。机架13的侧面固定有切割液储存罐14，切割液储存罐14的上端连接有水泵19，水泵19的上端连接有输送管18，电动机安装支架17为空心结构，输送管18伸入电动机安装支架17并延伸至切割槽11上方，切割刀7工作时，输送管18内的冷却液对切割刀7进行冷却。该岩芯切割机在工作时，只需要将岩芯试样的两端放置在支承板6上，然后通过垂直压紧螺钉9将岩芯试样压紧固定，电动机8驱动切割刀7转动，驱动电机16通过皮带传动机构15带动两蜗杆20转动，蜗杆20的转动使蜗轮5水平前后移动，蜗轮5移动时带动支承板6上的岩芯试样沿滑槽2同步移动，从而实现切割刀7对岩芯试样的切割。切割过程中，输送管18向切割刀7处供给冷却液，使用过的冷却液沿切割槽11汇流至废液回收桶21内，实现冷却液的回收。

第八节 地质调查取样机

地质勘探对于研究地区环境以及地区环境的变化有着极其重要的作用，常用的地质勘探取样方式为手动取样或仪器取样，手动取样的劳动强度大，仪器取样使用的都是大型的机械设备，而这些大型的机械设备在高原或者高山寒冷地区不仅运输困难，而且花费成本高。本实用新型要解决的技术问题，就是针对现有技术所存在的不足，而提供一种地质调查取样机，该取样机可以拆装，携带方便。

地质调查取样机如图10-8所示。安装板1的下端面中部安装有伺服电机A16，伺服电机A16的输出端通过联轴器15连接有垂直丝杠14，安装板1的下端面还固定有三个垂直支撑杆2，三个垂直支撑杆2沿垂直丝杠14的中心

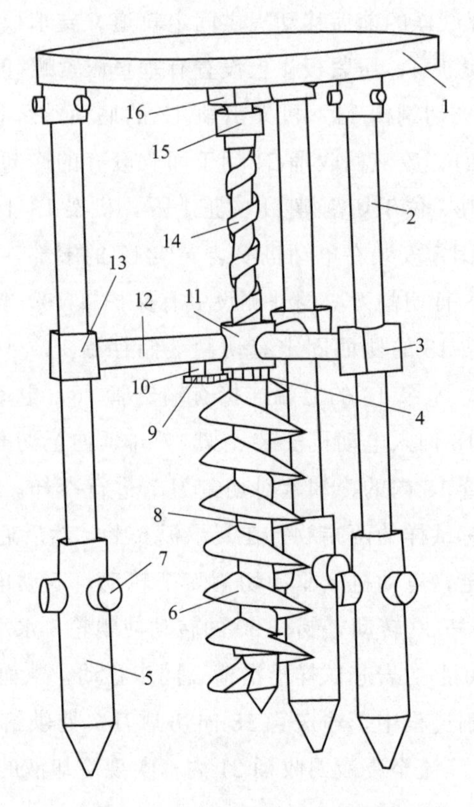

图 10-8 地质调查取样机结构图

1—安装板；2—垂直支撑杆；3—滑动支架总成；4—齿轮 B；5—地锥；6—螺旋叶片；7—锁紧螺栓；8—钻杆；9—齿轮 A；10—伺服电机 B；11—丝母；12—水平导向支撑杆；13—滚珠滑套；14—垂直丝杠；15—联轴器；16—伺服电机 A

对称布置，三个垂直支撑杆 2 的下端分别伸入筒状地锥 5，地锥 5 的上端侧壁设置有与垂直支撑杆 2 配合的锁紧螺栓 7，地锥 5 和垂直支撑杆 2 可以方便拆装，也可以根据取样需要调整垂直支撑杆 2 的高度，调整到位后用锁紧螺栓 7 锁紧即可。垂直丝杠 14 的外侧套装有丝母 11，丝母 11 通过滑动支架总成 3 与三个垂直支撑杆 2 滑动连接。其中，滑动支架总成 3 包括三个水平导向支撑杆 12，且水平导向支撑杆 12 的一端与丝母 11 固定连接，另一端固定连接有滚珠滑套 13，滚珠滑套 13 套装在垂直支撑杆 2 的外侧。采用这种结构后，伺服电机 A16 驱动垂直丝杠 14 转动，使丝母 11 可以沿垂直丝杠 14 上下移动，丝母 11 移动时，滚珠滑套 13 与垂直支撑杆 2 配合对丝母 11 的移动进行导向，丝母 11 的移动带动螺旋叶片 6 同步上下移动。丝母 11 的下端通过轴承同轴安装有钻杆 8，钻杆 8 的上半部设置有丝杠容置腔，钻杆 8 的外侧设置有螺旋叶片 6，滑动支架总成 3 的下端固定有伺服电机 B10，伺服电机 B10 固定安装在其中一个水平导向支撑杆 12 的下端。伺服电机 B10 的输出端连接有齿轮 A9，钻杆 8 的上端固定连接有与齿轮 A9 啮合的齿轮 B4。丝母 11 移动时带动钻杆 8 同步上下移动，且丝杠容置腔可用于收纳垂直丝杠 14，保证垂直丝杠 14 的正常动作。取样时，伺服电机 B10 同步通过齿轮传动驱动钻杆 8 转动，实现取样。该取样装置中，地锥 5、钻杆 8、滑动支架总成 3 可以方便拆装。拆卸时，松开锁紧螺栓 7，取下地锥 5 即可，然后沿垂直支撑杆 2 取下钻杆 8 和滑动支架总成 3。取样时，先将滑动支架总成 3 安装好。然后将地锥 5 用工具固定在取样处，再将垂直支撑杆 2 放入地锥 5 并固定好。这种结构既能满足取样作业需要，又方便携带。

第九节　静电除尘空压机

空压机是一种将空气吸入容器并压缩的机器，广泛应用于各个领域，在空压机工作过程中，空气中的微粒会被分解成小颗粒，并聚集在空压机底部，而这些小颗粒会在设备工作时随着喷射出的气流进入连接设备，从而造成堵塞及一系列影响，致使效率降低，而且容易造成二次污染，长此以往则会造成空压机的损坏。若是使用气枪工作，那么气枪喷出的小颗粒会使被喷物体表面受损，特别是对于表面清洁度要求极高的工件来说，微小颗粒的附着会增大废品率，而若是大型空压机在粉尘浓度过高的环境中进行其他作业时，传统除尘方式又很难净化如此大量、流速如此快的气体，费时费力，作业效率低。

静电除尘空压机如图 10-9 所示。高压静电器 5 为常用直流高压静电发生器，空压机主体 1 和高压静电器 5 之间设置有横向螺旋状橡胶管道 2，橡胶管道 2 的出口端与空压机主体 1 的入口端连接，优选橡胶管道 2 的出口端与空压机主体 1 的入口端为过盈配合，橡胶管道 2 的入口端连接有气流输入管 4，气流输入管 4 沿垂直方向设置，且气流输入管 4 的入口端为喇叭口状，橡胶管道 2 的外侧沿其长度方向、橡胶管道 2 的内部沿其中心分别设置有电晕线 6，位于橡胶管道 2 内部的电晕线 6 为与橡胶管道 2 形状相适应的横向螺旋状，位于橡胶管道 2 外部的电晕线 6 外侧有胶套包裹，橡胶管道 2 内外两段电晕线 6 在

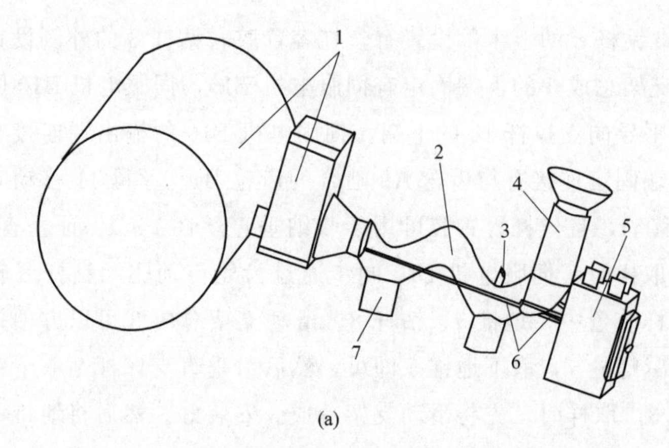

(a)

1—空压机主体；2—橡胶管道；3—风管；4—气流输入管；

5—高压静电器；6—电晕线；7—集灰筒

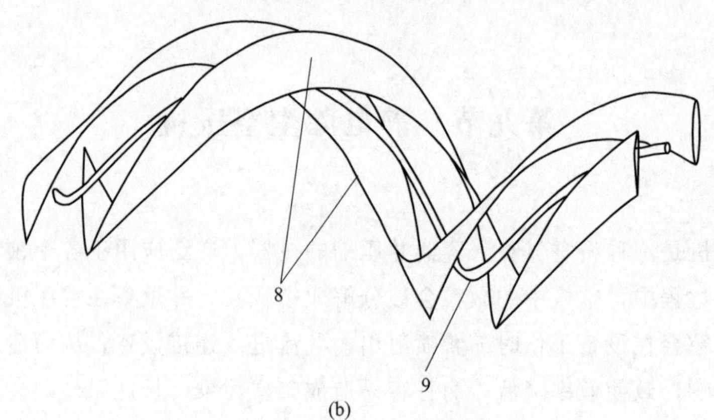

(b)

8—集电极片；9—绝缘瓷瓶

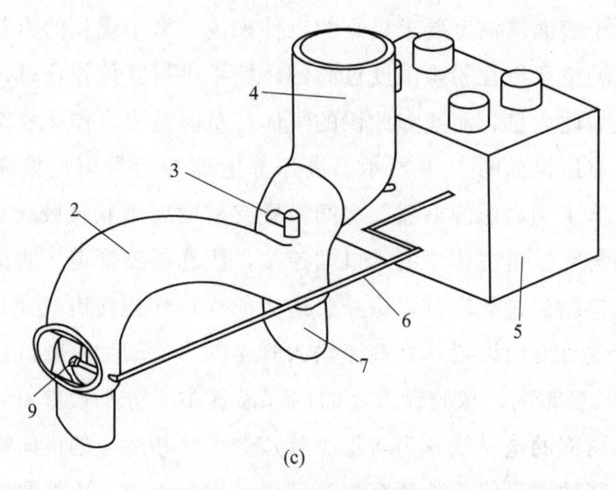

(c)

图 10-9　静电除尘空压机结构图

其出口端处连通，橡胶管道 2 的出口端处设置有用于连接内外两段电晕线 6 的绝缘瓷瓶 9，内外两段电晕线 6 的端部均与高压静电器 5 连接，通过这种结构来支撑电晕线 6 和防止电流回地，并且电晕线 6 由高压静电器 5 发出并穿过气流输入管 4 进入橡胶管道 2，并在橡胶管道 2 的末端处拐回到高压静电器 5，橡胶管道 2 的最低点处（即横向螺旋状橡胶管道 2 中波谷的外侧最底端）设置有与其内腔相通的集灰筒 7，集灰筒 7 的横截面为椭圆形，橡胶管道 2 中与集灰筒 7 相对的侧壁（即横向螺旋状橡胶管道 2 中波谷的内侧最底端）上设置有风管 3，这样不会产生漏风现象，并且在调节压力的同时可以除尘。橡胶管道 2 内部设置有两片与其形状相适应的集电极片 8，两片集电极片 8 分别位于电晕线 6 的上方和下方且两者与电晕线 6 的垂直距离相等，集电极片 8 作为支撑橡胶管道 2 的支架。工作时，打开空压机，空压机主体 1 本身产生吸力，带动空气从气流输入管 4 进入并经橡胶管道 2 进入空压机，在橡胶管道 2 内由电晕线 6 完成粉尘颗粒的电离及与吸入气体的分离，粉尘经过橡胶管道 2 的低谷时由于离心力和重力的作用灰尘会集中到集灰筒 7，进入空压机主体 1 内部的气体中的粉尘颗粒大大减少，达到除尘的目的。

第十节　具有除湿功能的井下配电柜

矿山井下坑道钻探现场作业条件较为潮湿，配电柜、配电箱以及通信中转柜在使用时，在柜体内表面容易产生雾水，而且柜体内部也容易造成湿度过大，使电线、电器之间的绝缘强度降低。严重时，经测量其绝缘电阻值只有 0.01MΩ，远低于安全要求。这就容易造成电器之间的绝缘击穿，造成短路故障，以及对人身的意外触电伤害。实用新型提供一种具有除湿功能的井下配电柜。

具有除湿功能的井下配电柜如图 10-10 所示。柜体 1 设有至少三个功能区 2；功能区与功能区之间通过可拆卸的隔板 3 相隔；每个功能区 2 设置独立开关的门体；功能区 2 的两侧板分别设有通风条孔 4；靠近通风条孔 4 安装有换气扇 5；隔板 3 上安装有至少两块加热板 6；每个功能区 2 内部设有温度传感器 22 和湿度传感器 23；柜体 1 内的功能区 2 中，其中一个为数据处理功能区；数据处理功能区内部设有主板，主板上设有单片机 21、风扇控制电路 24、加热

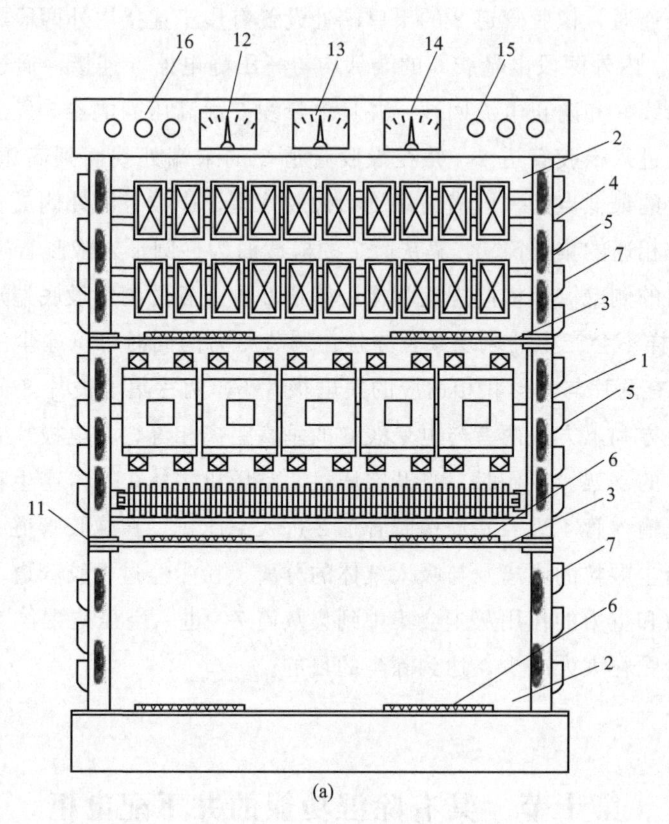

(a)

1—柜体；2—功能区；3—隔板；4—通风条孔；5—换气扇；6—加热板；7—过滤罩体；11—滑槽；12—温度表；13—湿度表；14—电流表；15—工作状态指示灯；16—报警提示灯

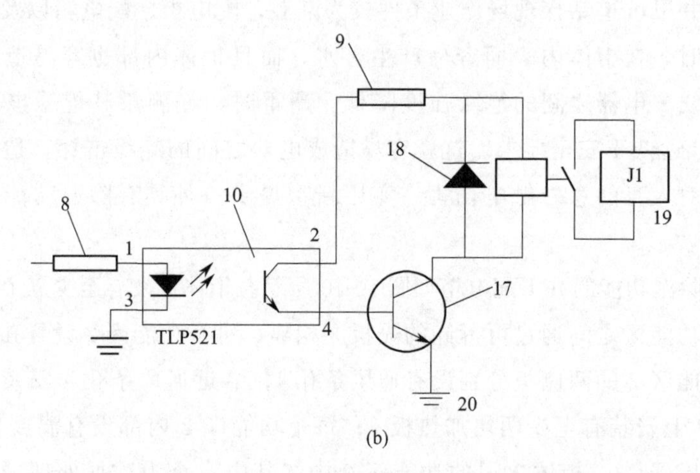

(b)

8—电阻 R1；9—电阻 R2；10—光电耦合器 U1；17—三极管 Q1；18—二极管 VD1；19—继电器 J1；20—设备接地

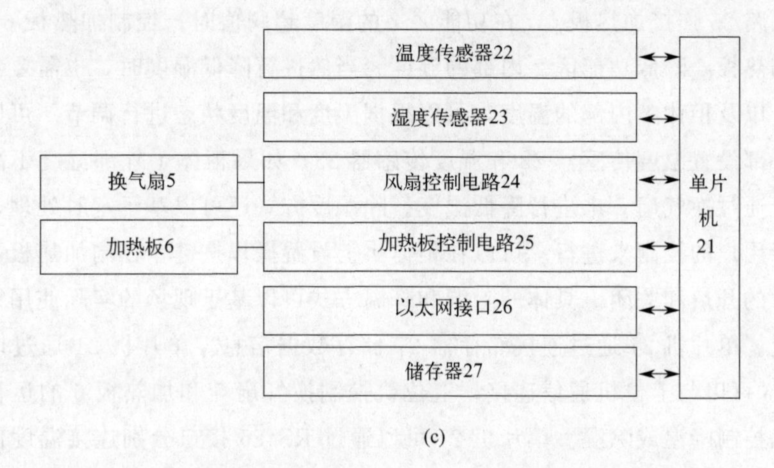

(c)

5—换气扇；6—加热板；21—单片机；22—温度传感器；23—湿度传感器；24—风扇控制电路；25—加热板控制电路；26—以太网接口；27—储存器

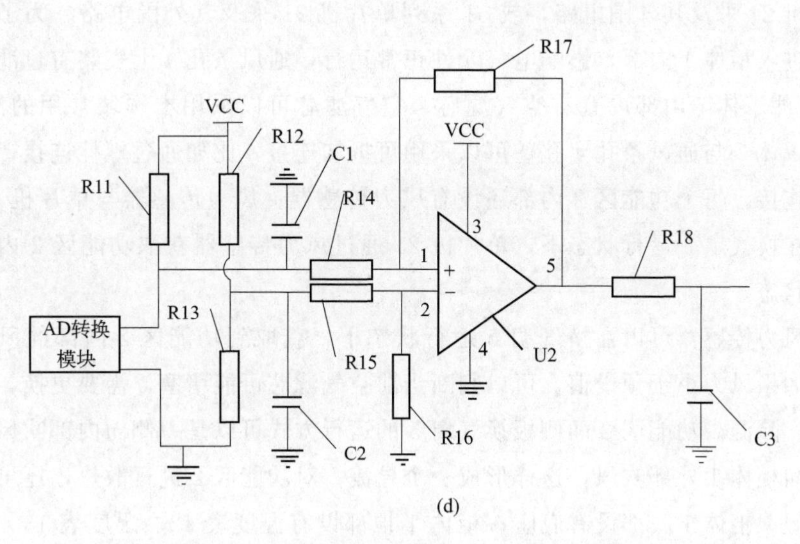

(d)

C1，C2—电容；U2—运放器；R11～R18—电阻

图 10-10　具有除湿功能的井下配电柜结构图

板控制电路 25、以太网接口 26、RS485 接口以及储存器 27；功能区 2 的温度传感器 22 和湿度传感器 23 分别与单片机 21 连接，单片机 21 通过温度传感器 22 获取功能区 2 的温度信息，并与温度阈值进行比对判断；单片机 21 通过湿度传感器 23 获取功能区 2 的湿度信息，并与湿度阈值进行比对判断；单片机 21 通过风扇控制电路 24 连接换气扇 5，在功能区 2 的温度超阈值时，控制换气扇 5 运行；通过换气扇 5 来对功能区 2 内进行降温。单片机 21 通过加热板

控制电路 25 连接加热板 6，在功能区 2 的湿度超阈值时，控制加热板 6 运行，通过加热板 6 降低功能区 2 内部的湿度。当然进行降低湿度时，也需要考虑功能区 2 以及柜体 1 内部的温度，可以根据湿度和温度状态进行调节。可以在柜体 1 外部设置温度传感器 22 和湿度传感器 23，如果柜体 1 外部湿度不高，可以仅仅通过换气扇 5 来进行降低湿度。除湿度方式还可以基于定时处理，还可以基于用户的控制来进行。可以在柜体 1 上设置操作按键，控制加热板 6 和换气扇 5 的开启和关闭。具体的除湿和降温方式可以基于现场的实际使用情况进行配置。单片机 21 通过连接储存器 27 储存数据信息。单片机 21 通过以太网接口 26 可以与上位机通信连接。上位机控制换气扇 5 和加热板 6 的运行，实现远程控制降温或除湿。单片机 21 可以通过 RS485 接口分别连接温度传感器 22 和湿度传感器 23。温度传感器 22 和湿度传感器 23 在功能区 2 的具体设置位置不做限定。单片机 21 采用 STM32FI03ZET6 单片机 21 采，或 ATmega32 单片机 21 采及其外围电路，或 51 系列单片机 21 采及其外围电路。为了避免粉尘进入柜体 1 内部，影响电气元件正常运行，通风条孔 4 上安装有过滤罩体 7；过滤罩体 7 内部设置有空气滤芯。空气滤芯可以采用本领域常用的滤芯。过滤罩体 7 与通风条孔 4 孔壁可以采用可拆卸连接，比如通过螺栓连接，或者卡扣连接。每个功能区 2 内部还设有风力传感器；风力传感器与单片机 21 连接，在换气扇 5 运行状态下，单片机 21 通过风力传感器获取功能区 2 内部的风力状态。

风力传感器可以在换气扇 5 运行状态下，获取到功能区 2 内部的风力状态，如果风力小于预设值，可以判断当前空气滤芯可能堵塞，需要更换，影响换热、除湿。功能区 2 两侧板换气扇 5 的运行方式可以是一侧向内部吹风，另一侧向柜体 1 外部吹风，这样形成一个导流，对功能区 2 进行散热，还可以进行除湿。柜体 1 底部设有底座；柜体 1 顶部设有温度表 12、湿度表 13、电流表 14、电压表、工作状态指示灯 15 以及报警提示灯 16，方便监控人员或操作人员查看状态。温度表 12、湿度表 13、电流表 14、电压表、工作状态指示灯 15 以及报警提示灯 16 分别与单片机 21 连接，基于单片机 21 的信号进行显示。柜体 1 内设有三个功能区 2；顶部为数据处理功能区；底部为变频器，或软启动安装区；中部为低压开关区。每个功能区具体的实现功能不做限定，可以根据现场实际需要进行设置，安装相应的电气元件。柜体 1 内壁设有滑槽 11，隔板 3 与滑槽 11 滑动连接；隔板 3 上设置有穿线孔。隔板 3 可以对各个功能区 2 进行相对的隔离，避免相互影响。比如有的功能区 2 设置了发热量大的电气元件，这样可以单独进行散热，由于电气元件本身散热量大，所以暂不需要进行除湿，可以只进行散热作业。还比如一些低压开关，散热量比较少，长时间在湿度较大的环境中工作，需要进行除湿作业，可以在非工作状态下进行除湿加温作业，而对其他功能区 2 影响小。

第十一节　钻探工程孔口泥浆清除器

钻探工程是地质勘探及找矿的重要工作手段，钻探过程中绞车钢丝绳上附着有钻井液（泥浆），在提取岩芯过程中，绞车钢丝绳上附着的泥浆被带出落在钻机平台上，泥浆往往造成钻机平台湿滑，尤其是在冬季北方作业时，泥浆容易结冰，更容易引起作业人员在钻机平台作业时发生打滑的情况，造成钻探作业时作业人员因出现滑跌而引起的安全事故，因此，在钻探作业时必须及时清理钻机平台处的泥浆，防止钻机平台湿滑，这样就增加了作业人员的劳动强度，也影响了钻探效率，这就是现有技术所存在的不足之处。本实用新型的目的是提供一种钻探工程孔口泥浆清除器，该泥浆清除器可有效提高作业安全性和作业效率。

钻探工程孔口泥浆清除器如图 10-11 所示。壳体 1 的侧面底部对称固定连接有连接耳板 9，连接耳板 9 上开设有安装孔，安装孔内可安装固定销，整个清除器通过固定销和连接耳板 9 固定在孔口处。壳体 1 的上端设置有橡胶块 3，橡胶块 3 的中心处开设有多个径向放射状切缝 11，径向放射状切缝 11 的长度大于钻机的钻杆 2 半径，且径向放射状切缝 11 的外侧端与橡胶块 3 的外边沿之间留有间距。采用这种结构形式后，既可以保证钻机的钻杆 2 能够顺利通过橡胶块 3，还可以通过橡胶块 3 将钻机的钻杆 2 上的泥浆刮掉，使泥浆落在壳体 1 内而不会随钻机的钻杆 2 带出壳体 1 落在钻机平台上，从而避免了现有技术中因泥浆而引起的钻机平台湿滑的情况。壳体 1 的内腔底部中心处固定连接有外螺纹套筒 7，外螺纹套筒 7 的上端罩设有锥形罩 4，锥形罩 4 的下端固定连接有与外螺纹套筒 7 螺纹连接的内螺纹套筒 6，锥形罩 4 上设置有若干通孔 5，锥形罩 4 的边沿与壳体 1 的内壁密封接触，壳体 1 的侧面固定连接有与壳体 1 内腔底部相通的排泥管 10，排泥管 10 可连接泥浆泵，通过泥浆泵及时将壳体 1 内的泥浆抽出，壳体 1 的底部和锥形罩 4 上分别开设有与内螺纹套

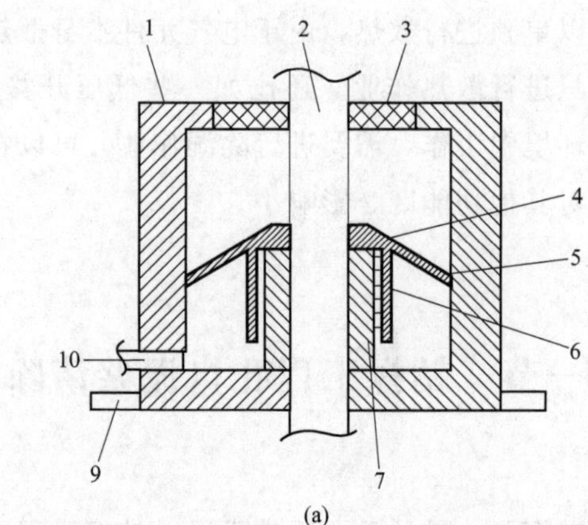

(a)

1—壳体；2—钻机的钻杆；3—橡胶块；4—锥形罩；5—通孔；

6—内螺纹套筒；7—外螺纹套筒；9—连接耳板；10—排泥管

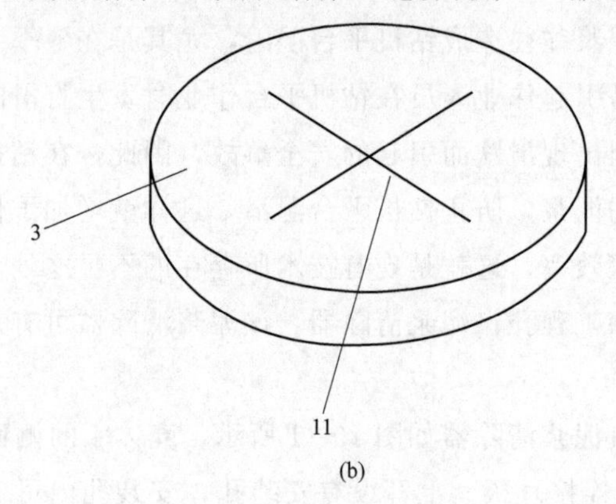

(b)

11—径向放射状切缝；

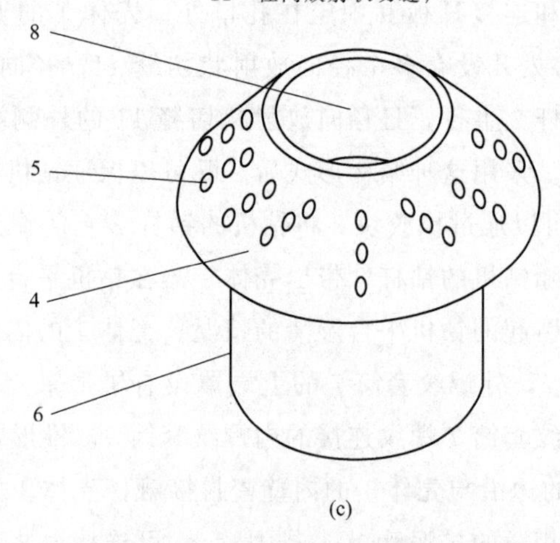

(c)

4—锥形罩；5—通孔；6—内螺纹套筒；8—贯穿孔

图 10-11　钻探工程孔口泥浆清除器结构图

筒 6 同心的贯穿孔 8，贯穿孔 8 与钻机的钻杆 2 之间设置有密封圈，钻机的钻杆 2 的下端依次贯穿锥形罩 4 上的贯穿孔 8、内螺纹套筒 6 和壳体 1 上的贯穿孔 8 并伸出壳体 1 的底部，锥形罩 4、内螺纹套筒 6 和壳体 1 的底部与钻机的钻杆 2 间隙配合，以保证钻机的钻杆 2 可以顺利上下移动。在提取岩芯时，钻机的钻杆 2 上所携带的泥浆被橡胶块 3 刮下并滴落在锥形罩 4 上，并通过锥形罩 4 上的通孔 5 流入到壳体 1 的内腔底部，泥浆泵通过排泥管 10 将壳体 1 内的泥浆抽出，伸出橡胶块 3 的钻机的钻杆 2 上没有泥浆，从而防止泥浆滴落在钻机平台上导致钻机平台湿滑，提高了作业安全性和作业效率。

第十二节　用于野外地质勘探施工的防护围栏

在野外地质勘探中需要使用防护围栏对施工现场进行防护，目前用于野外地质勘探施工中的防护围栏结构较为单一，由于围栏的体积较大，形状固定，导致在收纳的时候占用空间较大，不方便进行转运，并且在安装时通过螺栓进行连接固定，操作烦琐，费时费力。本实用新型的目的是提供一种用于野外地质勘探施工的防护围栏，该防护围栏拆装简单便捷，省时省力，在拆卸后可以对围栏进行折叠，收纳时占地面积小，便于运输。

用于野外地质勘探施工的防护围栏如图 10-12 所示。左右两立柱 1 的底部固定连接有支撑底座 2，两个立柱 1 之间通过转轴转动连接有折叠栏 3。其中，右侧立柱的右侧设置有安装机构 4，安装机构 4 包括开设于右侧立柱右侧顶部和底部的凹槽 8，两凹槽的相对侧分别开设有卡槽 9。左侧立柱 1 的内部开设有活动腔 5，活动腔 5 的内腔设置有转动机构 6，转动机构 6 包括通过轴承活动连接于活动腔 5 内腔的双向螺纹杆 10，双向螺纹杆 10 表面的顶部固定连接有锥齿轮一 11，转动机构 6 表面的顶部和底部均设置有固定机构 7，固定机构 7 包括螺纹连接于双向螺纹杆 10 上的两螺纹套 12，螺纹套 12 的左侧固定连接有活动杆 13，活动杆 13 的左侧贯穿至左侧立柱 1 的外侧，且左侧立柱 1 上开设有与活动杆 13 配合的竖向条形开口，两个活动杆 13 左端的相对侧分别固定连接有与卡槽 9 配合的卡块 14。两个卡块 14 相向或背向移动，使得卡块 14 卡入或脱离卡槽 9，进而实现相邻两个单元围栏的安装或拆卸，操作快捷，省时省力。左侧立柱 1 的前侧设置有驱动机构 15，驱动机构 15 包括贯穿设置于

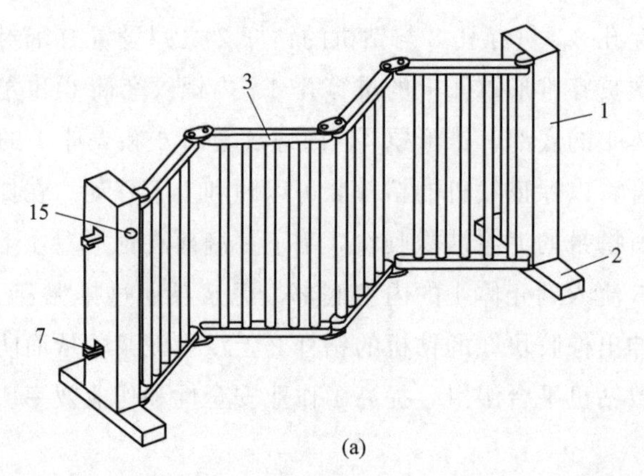

(a)

1—立柱；2—支撑底座；3—折叠栏；7—固定机构；15—驱动机构

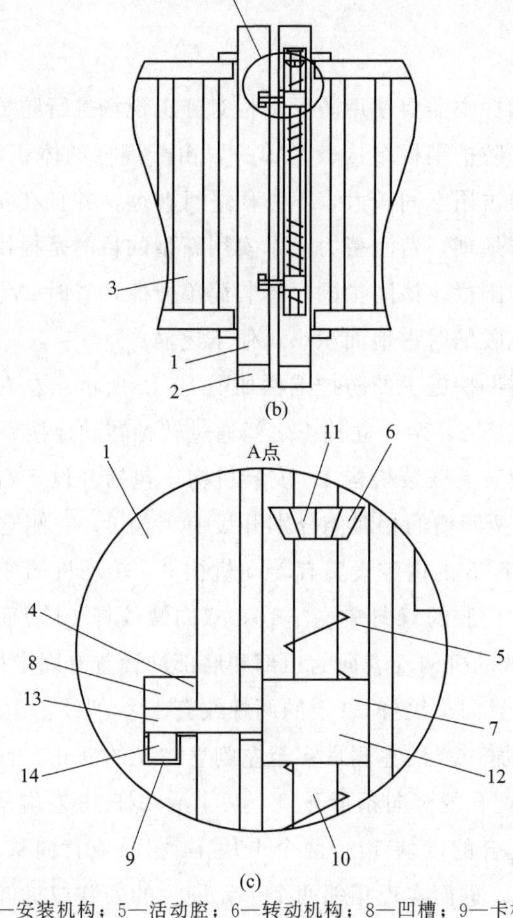

(c)

4—安装机构；5—活动腔；6—转动机构；8—凹槽；9—卡槽；

10—双向螺纹杆；11—锥齿轮一；12—螺纹套；13—活动杆；14—卡块

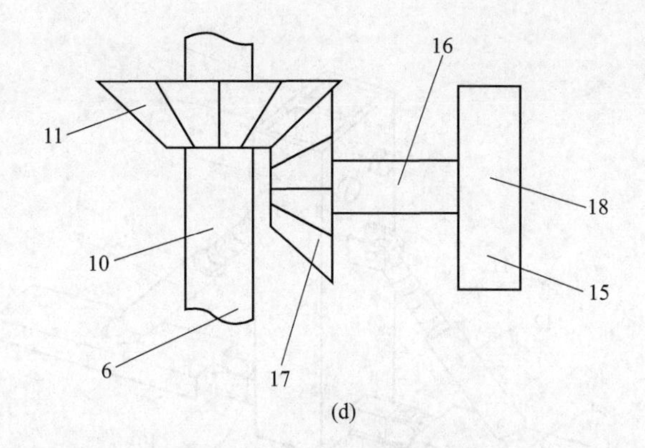

(d)

16—转杆；17—锥齿轮二；18—旋钮

图 10-12　用于野外地质勘探施工的防护围栏结构图

左侧立柱 1 前侧的转杆 16，转杆 16 的后端固定连接有锥齿轮二 17，锥齿轮二 17 与锥齿轮一 11 相啮合，转杆 16 的前端固定连接有旋钮 18。作业人员在安装或拆卸时，转动旋钮 18 即可，旋钮 18 带动转杆 16 和锥齿轮二 17 转动，使得锥齿轮二 17 带动锥齿轮一 11 和双向螺纹杆 10 转动。该用于野外地质勘探施工的防护围栏在进行安装时，作业人员将相邻两个单元围栏靠近，使两个活动杆 13 分别进入两个凹槽 8 的内腔，作业人员转动旋钮 18，旋钮 18 带动转杆 16 和锥齿轮二 17 转动，锥齿轮二 17 通过齿牙带动锥齿轮一 11 转动，锥齿轮一 11 带动双向螺纹杆 10 转动，双向螺纹杆 10 的转动使两个螺纹套 12 相向移动，螺纹套 12 带动两个活动杆 13 相向移动，活动杆 13 带动两个卡块 14 相向移动，使两卡块 14 卡入相应的卡槽 9 内，完成相邻两个单元围栏的安装。

第十三节　野外施工现场安全标志牌固定器

在野外地质勘探工作中，为了对勘探现场进行保护，同时也为了保证路人的安全，一般会在勘探现场的周边设置安全标志牌，通过安全标志牌提醒路人注意绕行。安全标志牌在固定时一般直接插于土壤中，由于野外施工现场经常风力较大，安全标志牌受风后容易晃动，稳定性较差，存在一定的安全隐患。本实用新型的目的是提供野外施工现场安全标志牌固定器，以解决以上技术问题。

野外施工现场安全标志牌固定器如图 10-13 所示。固定座 1 的底部固定连

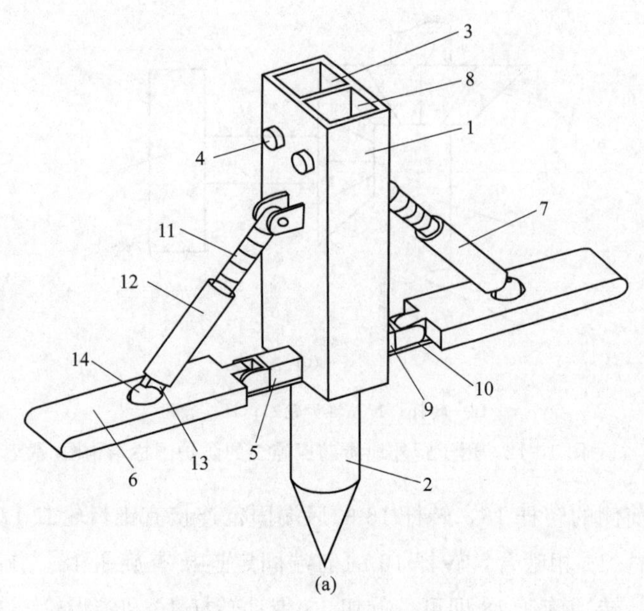

(a)

1—固定座；2—插销；3—连接组件；4—螺栓；5—限位组件；6—支撑机构；7—加固机构；8—插孔；9—连接块；10—限位挡板；11—螺纹杆；12—螺纹管；13—连接杆；14—限位球

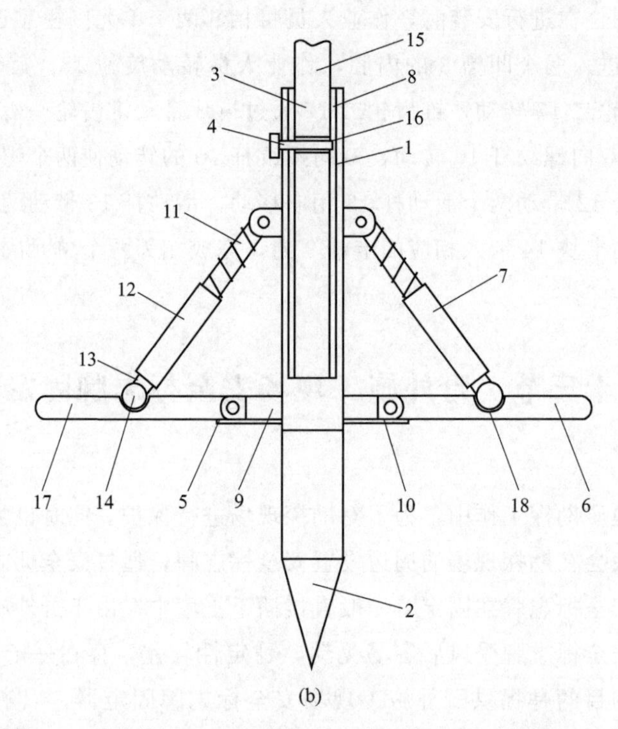

(b)

9—连接块；10—限位挡板；11—螺纹杆；12—螺纹管；13—连接杆；14—限位球；15—标志牌支腿；16—螺纹安装孔；17—活动展板；18—球形凹槽；

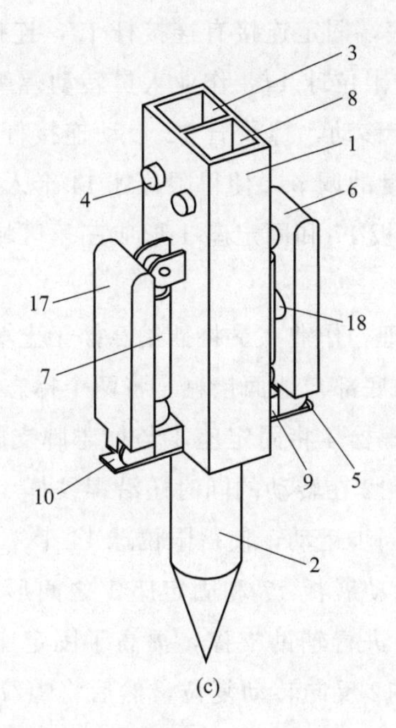

1—固定座；2—插销；3—连接组件；4—螺栓；5—限位组件；6—支撑机构；7—加固机构；

8—插孔；9—连接块；10—限位挡板；17—活动展板；18—球形凹槽

图 10-13　野外施工现场安全标志牌固定器结构图

接有插销 2，固定座 1 的顶部设置有连接组件 3，固定座 1 的左侧螺纹连接有两个螺栓 4。连接组件 3 包括并排开设于固定座 1 内部且上端敞口的两个插孔 8，插孔 8 的内腔插接有标志牌支腿 15，标志牌支腿 15 上沿径向贯穿开设有螺纹安装孔 16，螺栓 4 的右端贯穿至螺纹安装孔 16 的内腔并与螺纹安装孔 16 螺纹连接。固定座 1 左右两侧的底部分别固定连接有限位组件 5，限位组件 5 包括固定于固定座 1 两侧底部的连接块 9，连接块 9 的底部固定连接有限位挡板 10，限位挡板 10 的一侧与固定座 1 固定连接，另一侧伸出连接块 9 的端部，限位挡板 10 伸出连接块 9 的一段可以对活动展板 17 进行限位，使得活动展板 17 只能向上转动，而无法向下转动。两限位组件 5 的相背端分别转动连接有支撑机构 6，支撑机构 6 包括与连接块 9 转动连接的活动展板 17，活动展板 17 的顶部开设有球形凹槽 18，当插销 2 插接于地下时，活动展板 17 的底部与地面接触，增大了固定座 1 与地面的接触面，增强了整个固定器的稳定性。固定座 1 的左右两侧位于螺栓 4 与限位组件 5 之间的位置对称铰接有加固机构 7，加固机构 7 中远离固定座 1 的一端与支撑机构 6 配合。加固机构 7 包括对称铰接在固定座 1 两侧的螺纹杆 11，螺纹杆 11 表面的底端螺纹连接有螺纹管12，螺纹管12的底端固定连接有连接杆13，连接杆13的底端固定连接有与球形凹槽18配合的限位球14。作业人员转动螺纹管12，螺纹管12在转动的同时还沿螺纹杆11移动，螺纹管12带动连接杆13和限位球14同步移动，实现加固机构7长度的调节，使得限位球14卡入球形凹槽18内，螺纹杆11、螺纹管12、活动展板17和固定座1形成三角区域，进而提高了固定座1的稳定性。

实用新型的工作原理：作业人员将插销2插于土壤中，展开两个活动展板17，使得活动展板17的底部与地面接触，将两个标志牌支腿15分别置于两个插孔8的内腔中，通过螺栓4将固定座1与标志牌支腿15进行固定安装，再转动螺纹管12，螺纹管12在转动的同时还沿螺纹杆11移动，螺纹管12带动连接杆13和限位球14同步运动，使得限位球14卡入球形凹槽18内，使得螺纹杆11、螺纹管12、活动展板17和固定座1之间形成三角区域，螺纹杆11和螺纹管12对固定座1进行辅助支撑，提高了固定座1的稳定性，固定座1不使用时，先将螺纹管12反向转动复位，然后将螺纹杆11和螺纹管12转动至与固定座1接触，再向上转动活动展板17，使得活动展板17转动至螺纹管12的外侧，完成收纳折叠。

第十四节　岩芯钻探泥浆循环处理系统

岩芯钻探是固体矿产地质勘探常采用的勘探手段。岩芯钻探过程中，钻井泥浆会携带地层各类矿物质，包括泥浆本身所含的一些水基、油基、乳液等化学药剂返回地面。如果直接就近排放，一方面会对井场周边环境造成污染，不符合环保要求；另一方面，返回地面的钻井泥浆弃之不用而不断重新配制新的泥浆，无形中提高了钻井成本。本实用新型要解决的技术问题，就是针对现有技术所存在的不足，而提供一种岩芯钻探泥浆循环处理系统，该系统可实现泥浆不落地，减少了泥浆循环过程中因泥浆的渗漏造成的土壤污染问题，且泥浆可循环利用，经济环保。

岩芯钻探泥浆循环处理系统如图10-14所示。钻机1与一级沉淀池6之间通过不锈钢泥浆循环槽连接，不锈钢泥浆循环槽清理方便，可以避免管道输送中岩屑较多造成管道堵塞而不方便清理的情况，三级沉淀池4通过塑料制软管

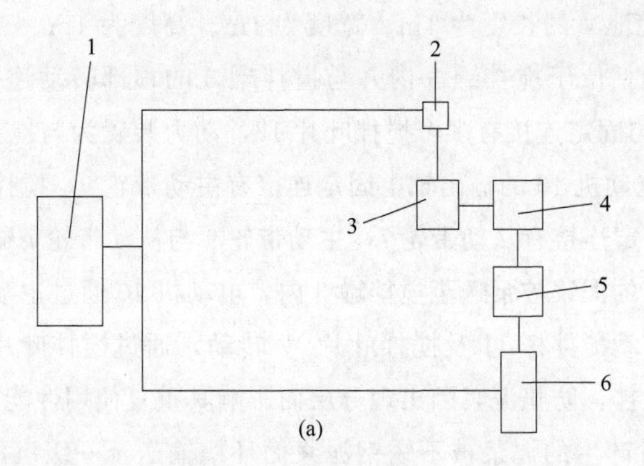

(a)

1—钻机；2—泥浆泵；3—搅拌罐；4—三级沉淀池；5—二级沉淀池；6—一级沉淀池

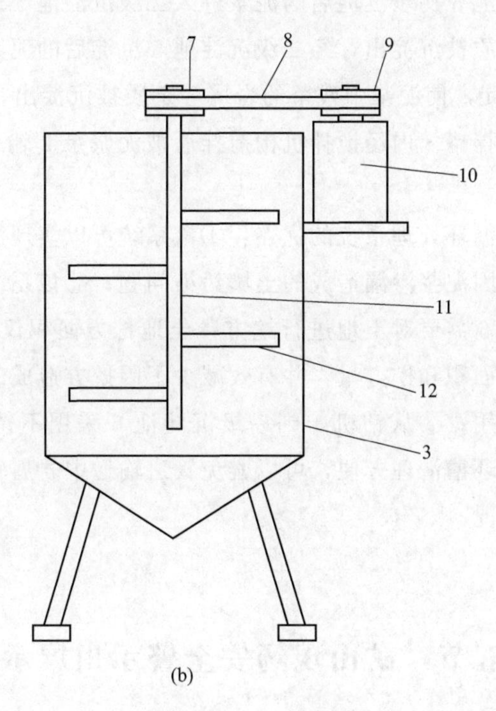

(b)

7—从动带轮；8—皮带；9—主动带轮；10—电动机；11—搅拌杆；12—搅拌叶片

图 10-14　岩芯钻探泥浆循环处理系统结构图

连接有搅拌罐 3，搅拌罐 3 内安装有由动力装置驱动的搅拌机构，搅拌罐 3 通过泥浆泵 2 与钻机 1 连接，一级沉淀池 6 置于地坑内，二级沉淀池 5 和三级沉淀池 4 置于地面上。一级沉淀池 6 为不锈钢板沉淀池，一级沉淀池 6 的长度为 1.5m、宽度为 0.7m、高度为 0.8m。二级沉淀池 5 为不锈钢板沉淀池，二级沉淀池 5 的长度为 1m、宽度为 1m、高度为 1m。三级沉淀池 4 为不锈钢板沉淀池，三级沉淀池 4 的长度为 1m、宽度为 1m、高度为 1m。

搅拌机构包括位于搅拌罐 3 内并与搅拌罐 3 的顶部转动连接的搅拌杆 11，搅拌杆 11 上均匀固定连接有多个搅拌叶片 12，动力装置为与搅拌罐 3 固定连接的电动机 10，电动机 10 的输出轴上固定连接有主动带轮 9，搅拌杆 11 的顶部伸出搅拌罐 3 并固定连接有从动带轮 7，主动带轮 9 与从动带轮 7 通过皮带 8 连接。三级沉淀池 4 内的泥浆被泵送至搅拌罐 3 内，电动机 10 通过主动带轮 9、皮带 8 和从动带轮 7 带动搅拌杆 11 及搅拌叶片 12 转动，通过搅拌叶片 12 对搅拌罐 3 内的泥浆进行搅拌，防止泥浆因出现分层而影响其重复使用性能。

岩芯钻探时产生的泥浆被不锈钢泥浆循环槽输送至一级沉淀池 6 进行初步沉淀，经一级沉淀池 6 初步沉淀后的泥浆进入二级沉淀池 5 进行二次沉淀，使泥浆中的岩屑等杂质被沉淀出，经二级沉淀池 5 沉淀后的泥浆进入三级沉淀池 4 内进行第三次沉淀，使泥浆中残留的岩屑等杂质被沉淀出，三级沉淀池 4 沉淀后的泥浆进入搅拌罐 3 内经搅拌机构搅拌后被泥浆泵 2 输送给钻机 1，实现泥浆的重复利用。

岩芯钻探泥浆循环处理系统的优点：①该系统可以实现泥浆不落地，减少了泥浆循环过程中因泥浆渗漏造成的土壤污染问题；②该系统占地面积小，并且只有一级沉淀池 6 需要对土地进行挖方，土地挖方面积仅为 0.84m^3，有效地减少了土地挖方面积和挖方量，并有效减少了因挖方造成的土地破坏及由此产生的恢复治理费用；③从钻机 1 到一级沉淀池 6 采用不锈钢泥浆循环槽连接，不锈钢泥浆循环槽清理方便，可以避免管道输送中岩屑较多造成管道堵塞而不方便清理的情况。

第十五节　矿山现场安全警示用展示装置

矿山内的工作中，常常会用到很多工具以及设备，其中包括起重机、输送机、通风机和排水机械等矿山机械设备。由于机械产品较多，加上矿山本身环境的特殊性，保障矿山工作人员的安全成为一项重要的任务。在保障作业安全时，除了要用到工作人员随身佩戴的安全辅助装置，还有一个不可缺少的指引类装置，即安全警示牌。安全警示牌发挥了指引的作用，通常安置在特殊地段，以提醒工作人员加强安全管理。目前市面上的安全警示牌在移动安放的过程中常常需要人工拆解装配，既增加了工作量，也降低了警示牌移动的便捷性。

矿山现场安全警示用展示装置如图 10-15 所示。警示牌底板 1 一侧外壁嵌入式安装有屏幕 2，警示牌底板 1 上表面安装有承接盒 3，承接盒 3 的顶面呈开放状，承接盒 3 底面内壁开设有圆形开口，承接盒 3 的长度大于警示牌底板 1 的长度，在降雨天气时通过承接盒 3 起到承接雨水的作用。承接盒 3 的底面外壁贯穿式安装有管道 4，管道 4 从承接盒 3 底面的开口处贯穿插入至承接盒 3 内部，两个管道 4 关于警示牌底板 1 的纵向中轴线对称，通过管道 4 的引流，使承接盒 3 内部的雨水流向储水箱 5。警示牌底板 1 两侧外壁均安装有储水箱 5，储水箱 5 内部嵌入式安装有滤网 6，两个储水箱 5 上表面均被管道 4 贯穿插入，储水箱 5 通过管道 4 与承接盒 3 构成连通结构，储水箱 5 存储的雨水经过过滤起到清洗的作用。储水箱 5 远离警示牌底板 1 的一侧外壁开设有通孔 8，通孔 8 的外壁与龙头阀 7 连接，储水箱 5 底部外表面安装有立柱 9，立柱 9 外壁安装有支撑架 10，支撑架 10 下端安装有脚轮 11，龙头阀 7 从通孔 8 处贯穿插入储水箱 5 内部，脚轮 11 与支撑架 10 构成转动结构，通过龙头阀 7 的开闭，实现对水量的使用。立柱 9 底部外表面开设有凹槽 12，凹槽 12 内部设有丝杆 13，丝杆 13 下端安装有冲击锥 14，立柱 9 内部安装有电机 15，凹槽 12 外壁设有螺纹，丝杆 13 与凹槽 12 构成转动结构，电机 15 的输出端与丝杆 13 顶面连接，在丝杆 13 转动之时带动冲击锥 14 扎入土壤内。

工作原理：在使用该矿山现场安全警示用展示装置时，将屏幕 2 安装在警示牌底板 1 上，稳定性检查完成后，推动警示牌底板 1，此时脚轮 11 滚动，从而带动该装置移动，将该装置移动到合适的土壤位置后，启动立柱 9 内部的电机 15，电机 15 为丝杆 13 提供动能，凹槽 12 内的丝杆 13 转动，并且在螺纹的影响下向土壤方向靠近，与丝杆 13 连接的冲击锥 14 在运动的过程中向土壤内部扎入，当处于一定深度后关闭电机 15，以固定该装置在底面上的位置，当该装置需要更换警示位置时，启动电机 15，电机 15 带动冲击锥 14 离开土壤，此时冲击锥 14 不再受到来自土壤的作用力，随后推动该装置，以调整该装置的位置；在该装置进行展示工作时，如遇到降雨天气，由于承接盒 3 上表面呈开放状，雨水下落至承接盒 3 内，从管道 4 流向储水箱 5，由于储水箱 5 内部安装有滤网 6，雨水得到滤网 6 的净化，由于矿山工作环境特殊，工作人员双手常常会附着一定的尘土，储水箱 5 内部的水可发挥清洗的作用，工作人员转动通孔 8 处的龙头阀 7，储水箱 5 内的水流出，可对工作人员的双手以及工具进行清洗，增加了整体的实用性。

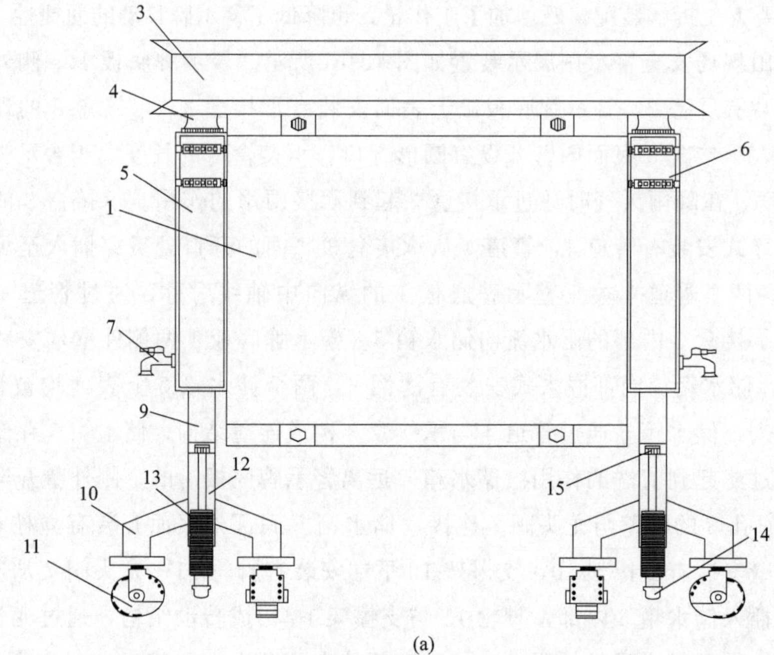

(a)

1—警示牌底板；3—承接盒；4—管道；5—储水箱；6—滤网；7—龙头阀；9—立柱；

10—支撑架；11—脚轮；12—凹槽；13—丝杆；14—冲击锥；15—电机

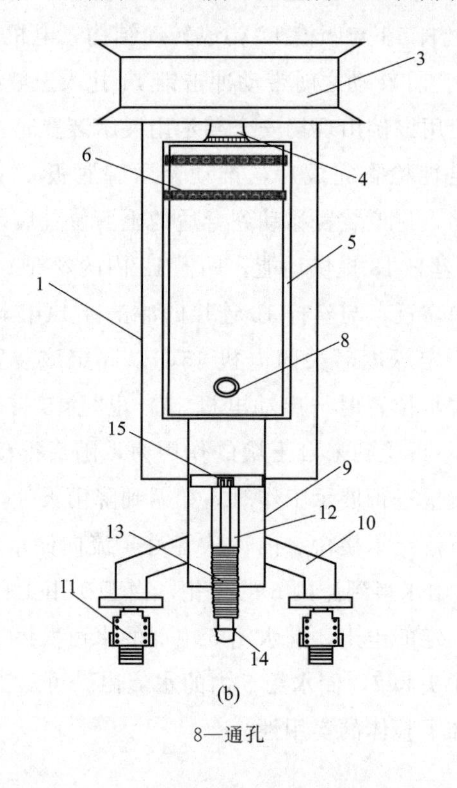

(b)

8—通孔

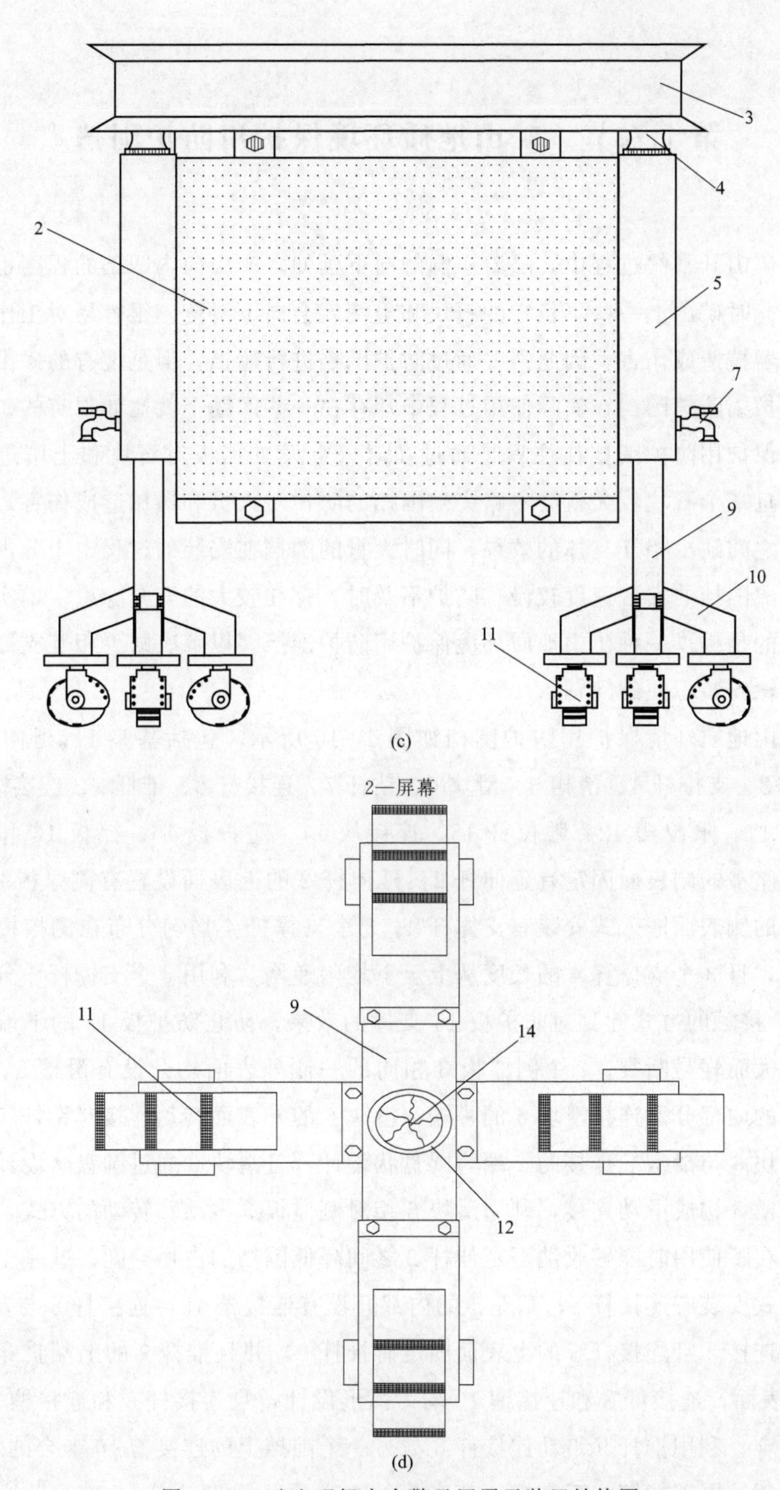

图 10-15　矿山现场安全警示用展示装置结构图

第十六节 矿山地质环境保护用防护围挡

在矿山开采的过程中，随着矿洞的向下延伸，矿山向内凹陷的程度也越来越大，此时矿山上一些不稳定的石块和土壤就会向下滑落，很容易对工作人员和开矿器械造成伤害，因此需要通过防护围挡进行遮挡，但是现有的矿山地质环境保护用防护围挡在实际使用过程中却存在一些问题，就比如现有的矿山地质环境保护用防护围挡往往只是通过在岩壁上设置挡板对石块和土壤进行遮挡，一旦某个石块较大就会一路突破围挡的防护对人员和器械造成伤害，围挡与围挡之间缺少相互支撑的效果，同时大量的围挡在安装的过程中十分占用空间，造成围挡的安装速度较慢、防护不及时，存在较大的安全隐患。本实用新型的目的是提供一种矿山地质环境保护用防护围挡，以解决缺少相互支撑的结构和运输安装不便的问题。

矿山地质环境保护用防护围挡如图 10-16 所示，包括基座 1、延伸杆 2、侧撑板 3、支撑杆 4、滑槽 5、滑块 6、钻杆 7、连接杆 8、推杆 9、连接槽 10、让位孔 11、限位槽 12、限位杆 13、连接块 14、防护板 15、挡板 16 和挡块 17。基座 1 的侧表面固定有延伸杆 2，延伸杆 2 的上表面设置有侧撑板 3，侧撑板 3 的侧表面嵌入式安装有支撑杆 4，3 个支撑杆 4 均匀分布在侧撑板 3 的侧表面，且 3 个支撑杆 4 的长度从上至下均匀递增，利用 3 个支撑杆 4 分别与挡块 17 接触的方式起到对防护板 15 支撑的效果，防止防护板 15 的下端因冲击力过大而轻易断裂。2 个侧撑板 3 相向的一侧外表面均开设有滑槽 5，2 个滑槽 5 的内部分别连接滑块 6 的一端，滑块 6 的外表面转动连接有钻杆 7 的一端，滑块 6 与滑槽 5 连接的一端为圆盘状设计，且滑块 6 通过圆盘状设计的一端与滑槽 5 构成滑动连接，利用滑块 6 相对侧撑板 3 滑动和转动的方式，使得钻杆 7 在不使用时能够收纳至延伸杆 2 之间降低围挡的占用空间。基座 1 的内部嵌入式安装有连接杆 8，基座 1 的内部开设有连接槽 10，连接杆 8 与基座 1 为滑动连接，且连接杆 8 的上表面固定有推杆 9，并且推杆 9 的上端贯穿基座 1 的上表面，连接杆 8 和连接槽 10 均为弧形设计，且连接杆 8 和连接槽 10 的圆心重合，利用推杆 9 带动连接杆 8 与另一个围挡上的连接槽 10 卡合的方式，使得相邻的围挡能够相互支撑。基座 1 的上表面开设有让位孔 11，且让位孔

11 下方的基座 1 内部开设有限位槽 12，限位槽 12 的底表面被限位杆 13 所贯穿，限位槽 12 的内部连接有连接块 14 的一端，且连接块 14 的上端贯穿基座 1 的上表面连接有防护板 15，防护板 15 的下表面设置有挡板 16 和挡块 17，

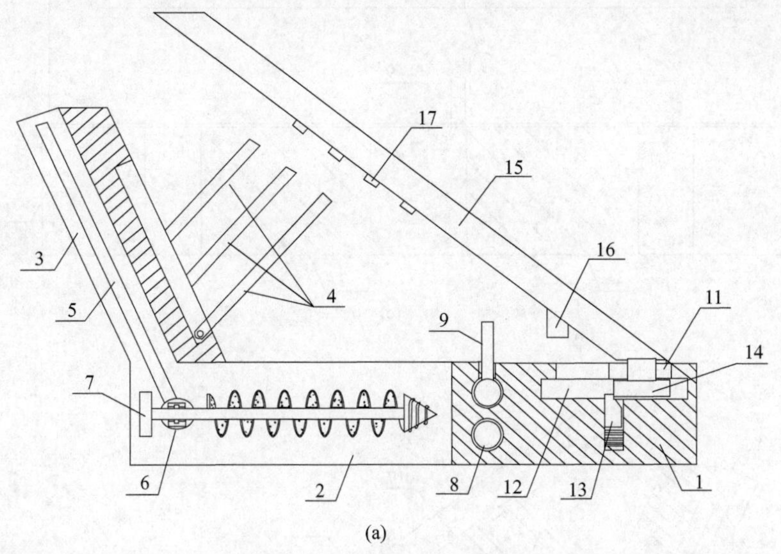

(a)

1—基座；2—延伸杆；3—侧撑板；4—支撑杆；5—滑槽；6—滑块；7—钻杆；8—连接杆；9—推杆；11—让位孔；12—限位槽；13—限位杆；14—连接块；15—防护板；16—挡板；17—挡块

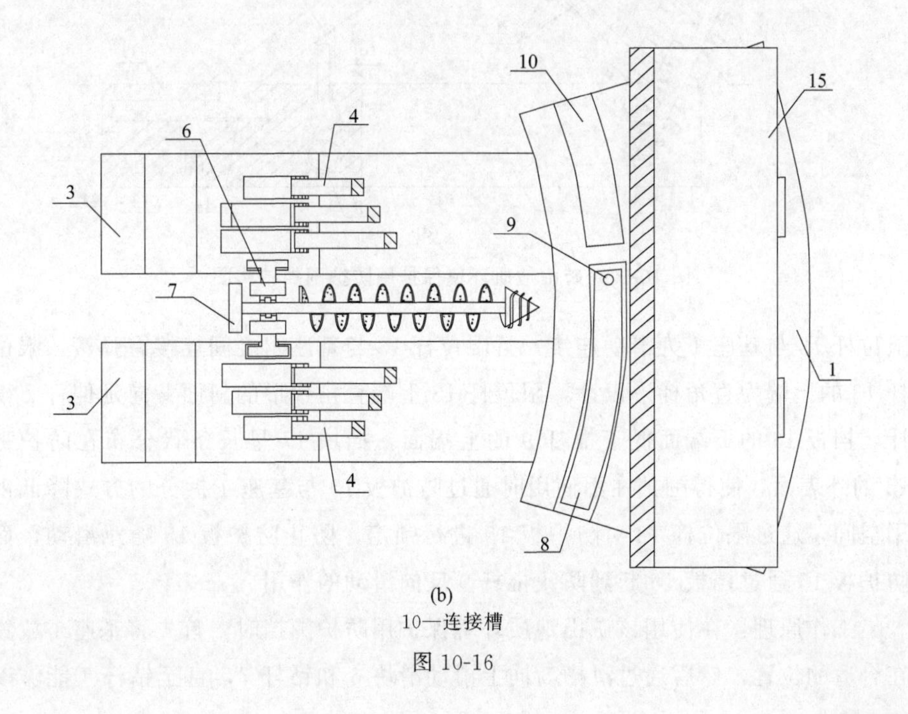

(b)

10—连接槽

图 10-16

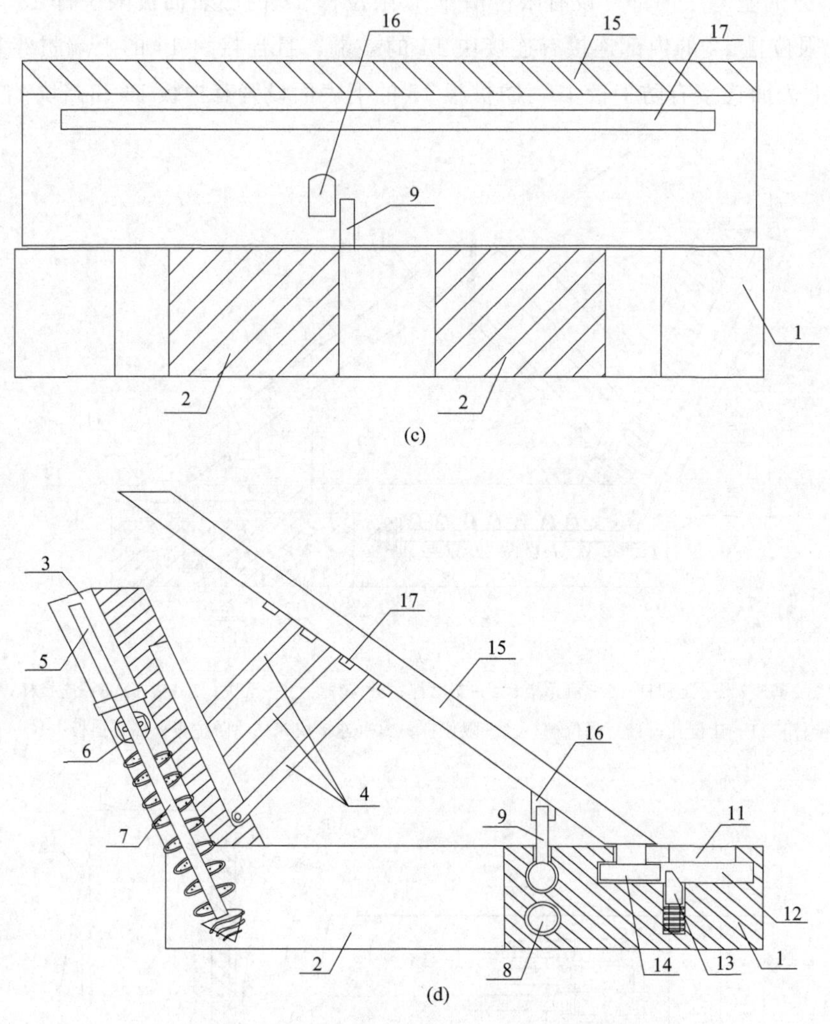

图 10-16　矿山地质环境保护用防护围挡结构图

限位杆 13 与基座 1 为滑动连接，且限位杆 13 与基座 1 之间连接有弹簧，限位杆 13 的上端为直角梯形设计，限位杆 13 上端直角梯形的斜面背向延伸杆 2 设计，挡板 16 的下端面低于推杆 9 的上端面，挡块 17 呈长条状分布在防护板 15 的外表面，使得围挡在不使用时通过防护板 15 与基座 1 拆分的方式降低占用空间，通过限位杆 13 对防护板 15 进行锁定，防止防护板 15 随意滑动，而防护板 15 通过挡板 16 起到防止推杆 9 反向滑动的作用。

工作原理：在使用该矿山地质环境保护用防护围挡时，首先将基座 1 放置在合适的位置，然后通过滑槽 5 向上滑动滑块 6 和钻杆 7，直至钻杆 7 能够以合适的角度与地面接触，转动钻杆 7，钻杆 7 通过前端的钻头向延伸杆 2 之间的地底钻探，达到对基座 1 与地面相对位置的固定，将另一个基座 1 放置在固定好的基座 1 的连接杆 8 朝向的一侧，然后通过推杆 9 滑动连接杆 8 使得连接杆 8 与另一个基座 1 侧表面的连接槽 10 卡合，此时向下翻转支撑杆 4，支撑杆 4 在转动移动角度后在侧撑板 3 侧表面安装槽的支撑下保持倾斜状态，此时将防护板 15 通过连接块 14 向下插入让位孔 11，然后横向滑动防护板 15，防护板 15 带动连接块 14 与限位槽 12 卡合，同时连接块 14 挤压限位杆 13 的斜面使得限位杆 13 下滑压缩弹簧，直至连接块 14 完全让过限位杆 13，限位杆 13 在弹簧的支撑下上滑并通过上端直角梯形一端的直角边对连接块 14 进行限位，防止连接块 14 反向滑动，同时防护板 15 在滑动到位后与支撑杆 4 接触，支撑杆 4 通过与挡块 17 的相抵实现对防护板 15 的支撑，防护板 15 带动挡板 16 滑动并移动至推杆 9 处，使得推杆 9 无法反向滑动接触，两个基座 1 之间通过连接杆 8 连接，保证了整体稳定性，重复上述过程完成对矿山的地质防护，增加了整体的实用性。

第十七节 矿山环境治理用的削坡装置

矿山修复，又称为矿山生态修复，即对矿业废弃地污染进行修复。我国是矿产资源丰富的大国，新中国成立以来，特别是改革开放后矿业迅速发展，但大规模的开发同时带来了生态环境问题，尤其是在南方丘陵地带，矿山开采对山体和植被破坏较为严重，野生动植物自然栖息地受损，滑坡、山洪等灾害和塌陷事故时有发生，随着生态文明建设的日益推进，矿山生态修复成为一个重要的环境治理议题。现有的矿山修复用削坡装置，整体使用便捷性较差，需要在使用前铺设特定轨道进行辅助使用，同时现有的削坡装置整体在使用的过程中结构较为单一，不便于对角度进行调节，整体适应性差。

矿山环境治理用的削坡装置如图 10-17 所示，包括驱动机构 1、支撑架 2、步进电机 3、限位卡槽 4、螺纹杆 5、螺母卡块 6、限位板 7、固定杆 8、固定板 9、液压杆 10、安装架一 11、转轴 12、齿轮本体 13、转动带 14、刮齿 15、安装架二 16、转动杆 17、辅助辊 18、锥齿轮 19、防护罩 20、链轮 21、驱动电机 22 和链条 23。驱动机构 1 的顶端一侧外表面纵向设置有支撑架 2，支撑架2远离驱动机构1的一侧外表面倾斜设置有固定板9，固定板9的一侧靠近顶端外表面与支撑架2之间倾斜设置有液压杆10，固定板9的底端外表面一侧设置有转动带14，转动带14的一侧外表面平行设置有转动杆17，且转动杆17的外表面中间位置贯穿设置有辅助辊18。支撑架2靠近固定板9的一侧外表面内部嵌入式设置有限位卡槽4，支撑架2的顶端外表面中间位置设置有步进电机3，且步进电机3的输出轴贯穿安装在限位卡槽4的内部，限位卡槽4的内部纵向设置有螺纹杆5；螺纹杆5的一端转动安装在限位卡槽4的底端内部，螺纹杆5的另一端与步进电机3的输出端连接，螺纹杆5的一侧外表面转动贯穿设置有螺母卡块6，且螺母卡块6与限位卡槽4之间为滑动卡合连接，螺母卡块6的一端纵向连接设置有限位板7；限位板7靠近底端的一侧外表面横向设置有固定杆8，且固定杆8的一端与固定板9的底端一侧转动连接，液压杆10的两端分别转动安装在限位板7靠近顶端的一侧外部和固定板9的一侧外部，当需要将一侧的固定板9调整角度或者整体抬升时，首先启动步进电机3，通过步进电机3输出轴的转动，从而带动螺纹杆5进行转动，通过螺纹杆5的转动从而使得螺母卡块6带动一侧的限位板7和固定板9同时进行抬升，从而使得装置整体抬升，从而使得整体在移动的过程中不会发生碰撞，需要对角度进行调整时，只需控制液压杆10的伸缩，配合固定板9与固定杆8的转动连接，从而使得固定板9整体的角度能够进行改变，整体操作简单，适用范围广。固定板9靠近驱动机构1的底端一侧和远离驱动机构1的底端一侧均对称设置有安装架一11，且安装架一11与安装架一11之间转动连接设置有转轴12，并且转轴12的一侧外表面贯穿设置有齿轮本体13，同时齿轮本体13与转动带14两端内壁咬合连接，并且转动带14的外表面等间距设置有刮齿15，固定板9位于安装架一11的一侧底端外表面对称设置有安装架二16，且转动杆17的两端均转动安装在安装架二16的内部；转动杆17远离驱动机构1一端内部贯穿设置有锥齿轮19，且该端转动杆17的外部设置有防护罩20，远离驱动机构1一侧转轴12的一端转动贯穿安装在防护罩20的内部，同时转轴12的贯穿端连接设置有锥齿轮19，并且该处的锥齿轮19与转动杆17一端的锥齿轮19啮合连接；固定板9靠近中间位置的底端外表面设置有驱动电机22，且驱动电机22的输出端设置有链轮21，设置锥齿轮19的转轴12的中间位置贯穿设置有链轮21，同时转轴12外部的链轮21和驱动电机22输出端的链轮21之间连接设置有链条23，当需要进行削坡时，首先启动驱动电机22，通过链轮21和链条23的连接设置，从而使得驱动电机22输出轴转动，

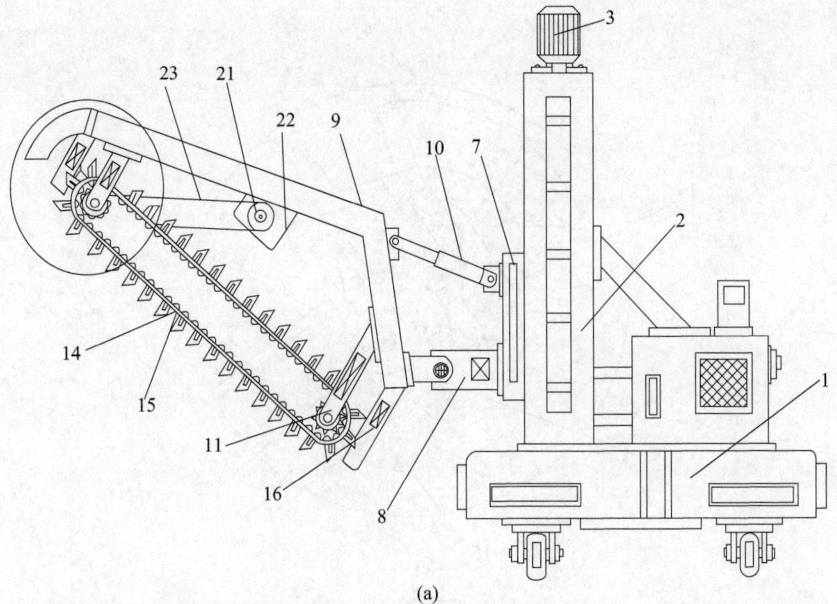

(a)

1—驱动机构；2—支撑架；3—步进电机；7—限位板；8—固定杆；9—固定板；10—液压杆；11—安装架一；14—转动带；15—刮齿；16—安装架二；21—链轮；22—驱动电机；23—链条

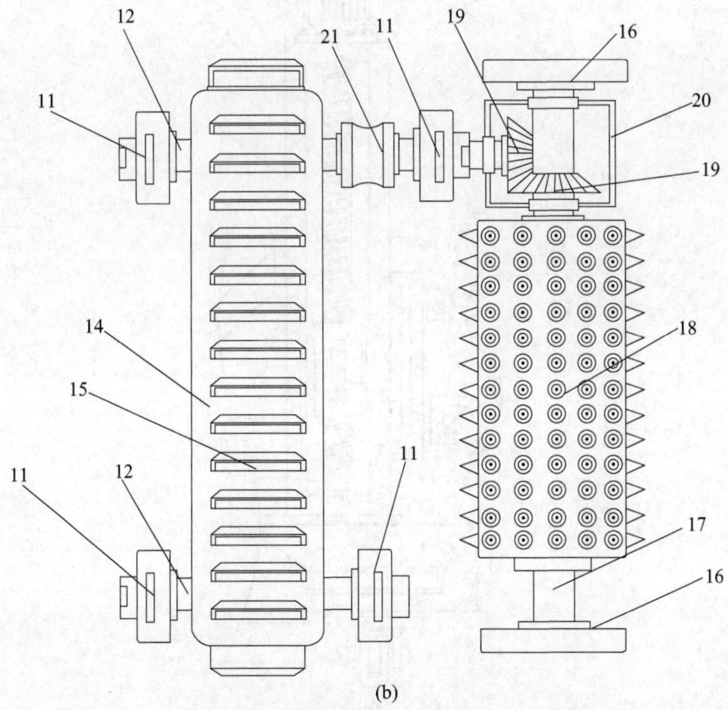

(b)

12—转轴；17—转动杆；18—辅助辊；19—锥齿轮；20—防护罩；21—链轮

图 10-17

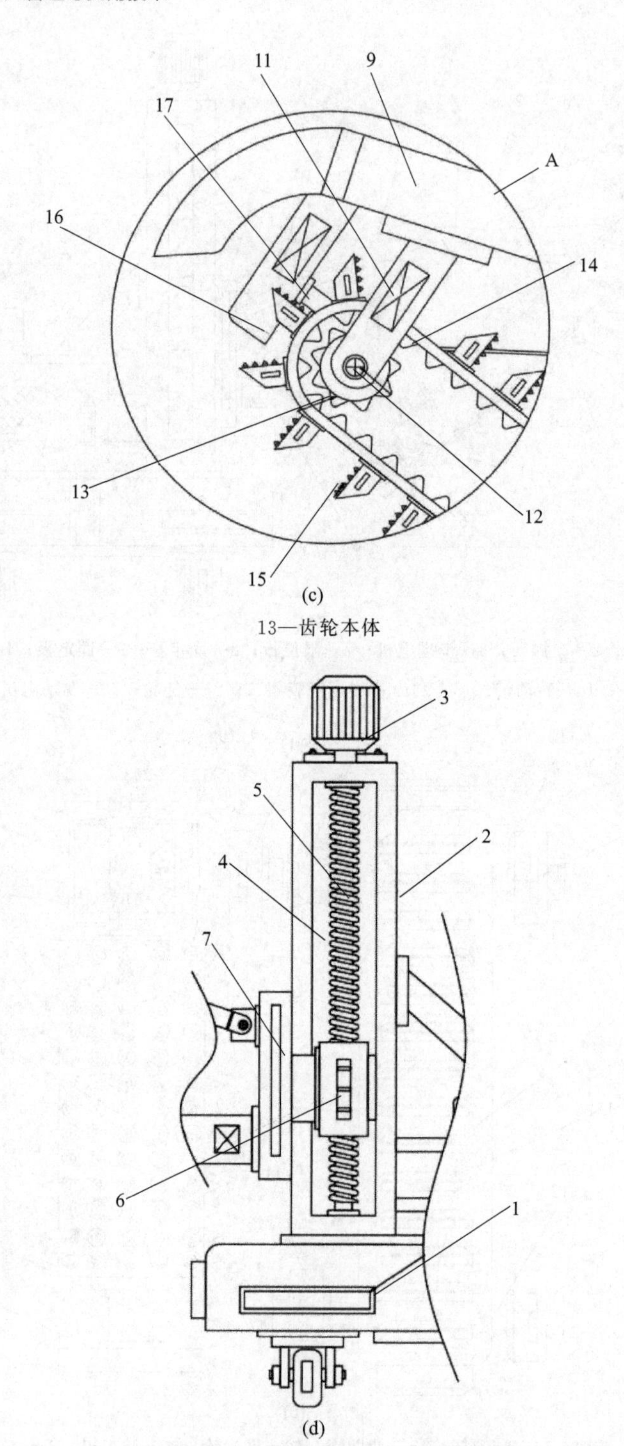

4—限位卡槽；5—螺纹杆；6—螺母卡块

图 10-17　矿山环境治理用的削坡装置结构图

从而带动转轴 12 同时转动，通过转轴 12 的转动带动齿轮本体 13 进行转动，通过齿轮本体 13 和转动带 14 的咬合连接，使得齿轮本体 13 转动的同时带动转动带 14 和外端的刮齿 15 同时转动，从而进行削坡工作，同时通过转轴 12 一端的锥齿轮 19 和转动杆 17 一端的锥齿轮 19 啮合连接，使得转轴 12 转动的同时带动转动杆 17 和辅助辊 18 进行转动，从而对坡面进行抚平，从而保证整体的处理效果，使得整体处理效果好，保证整体运行的稳定性和效率。

工作原理：在使用该矿山环境治理用的削坡装置时，该装置通过辅助辊 18 和刮齿 15 的设置，从而使得通过转动带 14 和刮齿 15 进行一次处理，之后通过辅助辊 18 进行二次抚平处理，使得整体处理效果更好，同时通过液压杆 10 的设置，从而使得整体能够对削坡装置的角度进行改变调整，从而使得整体适应性强，整体使用便捷，增加了实用性。

第十八节 水污染防治用漂浮物打捞装置

水资源是人类赖以生存的重要资源，水在生活生产的方方面面扮演了重要的角色，然而在排放污水以及丢弃垃圾后，地球上的水资源受到了严重的污染，需要预防水资源的污染。在溪流和小河中，对于漂浮在水面上的杂物，用人工开船打捞的方式过于费时费力，普通的拦截滤网不能做到实时将杂物运出，一些细碎的小物品不能有效拦截，所以需要一种水污染防治用漂浮物打捞装置。

水污染防治用漂浮物打捞装置如图 10-18 所示，包括安装支架 1、打捞滚筒 2、驱动电机 3、转移履带 4、履带齿轮 5、输出齿轮 6、传动杆 7、支撑杆 8、输入齿轮 9、动力齿轮 10、水车 11、提手 12、清理钩 13、滤网盒 14、磁力挡板 15、自锁支板 16、压力弹簧 17、防落支架 18 和打捞棒 19。安装支架 1 的内部空腔设置有打捞滚筒 2，且安装支架 1 的侧表面安装有驱动电机 3，驱动电机 3 的输出端贯穿安装支架 1 与打捞滚筒 2 的一端相连接，安装支架 1 的侧壁嵌入式安装有 Y 型隔板，安装支架 1 侧壁的 Y 型隔板下端与安装支架 1 的侧壁相连接，且安装支架 1 侧壁的 Y 型隔板朝向打捞滚筒 2 的隔板与安装支架 1 的上表面相连接，安装支架 1 上端 Y 型隔板的一端设置有供打捞棒 19 通过的开槽，首先利用驱动电机 3 使打捞滚筒 2 转动，当打捞滚筒 2 表面的打捞棒 19 末端将漂浮物捞起后，转动至安装支架 1 上端 Y 型隔板的一端的开槽处，漂浮物将被留在安装支架1上端Y型隔板。

安装支架1的上端设置有转移履带4，且转移履带4的一端安装有履带齿轮5，安装支架1的侧表面固定有支撑杆8，且支撑杆8被传动杆7贯穿安装，传动杆7的一端连接有输出齿轮6，传动杆7的另一端连接有输入齿轮9，履带齿轮5与输出齿轮6相连接，安装支架1与转移履带4构成转动结构，且转移履带4表面设置有方形挡板，有利于将杂物移出装置，转移履带4一端的转动装置安装在岸边，杂物最终将被传送至岸边集中处理，履带齿轮5与输出齿轮6构成啮合结构，传动杆7与支撑杆8构成转动结构，输入齿轮9与动力齿轮10构成啮合结构，安装支架1侧表面的下端设置有水车11，且水车11的一端连接有动力齿轮10，动力齿轮10与输入齿轮9相连接，安装支架1与水车11构成转动结构，且水车11由4个L形挡板拼接组成，4个L形挡板呈等角度均匀分布，且L形的凸出端朝外侧设计，4个L形挡板的垂直端端头固定连接，水流通过推动水车11表面的L形挡板，使水车11转动，然后连接在水车11的一端的动力齿轮10带动输入齿轮9转动，输入齿轮9带动传动杆7和输出齿轮6转动，同时输出齿轮6带动履带齿轮5转动，最后履带齿轮5带动转移履带4将漂浮物运送出装置。安装支架1侧面的下端设置有空腔，且安装支架1的空腔内设置有滤网盒14，滤网盒14朝向打捞滚筒2一侧设置有清理钩13，且清理钩13贯穿安装支架1的下表面，清理钩13的上端连接有提手12，提手12的下端搭在滤网盒14的上表面，安装支架1侧表面的空腔上端为开口设计，且安装支架1侧表面的空腔侧面为镂空设计，安装支架1与滤网盒14构成滑动结构，滤网盒14与清理钩13构成滑动结构，且两个清理钩13之间设置有滤网，水流经过滤网盒14后通过安装支架1侧表面的空腔侧面的镂空流出，滤网盒14将拦截打捞滚筒2打捞不到的细小杂物，当需要清理滤网盒14时，利用提手12向上拉动清理钩13，清理钩13下端的钩爪将带动滤网盒14上升，同时两个清理钩13之间的滤网将防止杂物掉出。

滤网盒14的下端吸附有磁力挡板15，且磁力挡板15贯穿安装支架1的下表面，安装支架1的下表面设置有自锁支板16，安装支架1的下表面设置有防落支架18，且防落支架18的一端安装于安装支架1的内部，防落支架18与自锁支板16之间连接有压力弹簧17，安装支架1与磁力挡板15为滑动结构，磁力挡板15为U型设计，并且磁力挡板15为不透水设计，安装支架1与自锁支板16为转动结构，当滤网盒14上升时磁力挡板15由于磁力吸附在滤网盒14下端并且同时上升，磁力挡板15的U型凹槽的底表面与安装支架1

的下表面接触后，磁力挡板 15 将从滤网盒 14 脱落，此时磁力挡板 15 的一端将堵住朝向打捞滚筒 2 的进水口，随后被磁力挡板 15 压制的防落支架 18 由于压力弹簧 17 的推力，将上升后的磁力挡板 15 支撑住，防止磁力挡板 15 下落，清理结束后使用清理钩 13 带动滤网盒 14 向下运动，磁力挡板 15 被挤压下降，同时自锁支板 16 也被磁力挡板 15 压制转动为竖直状态，安装支架 1 的侧表面设置有对称的圆柱形浮漂，使装置浮在水面上。

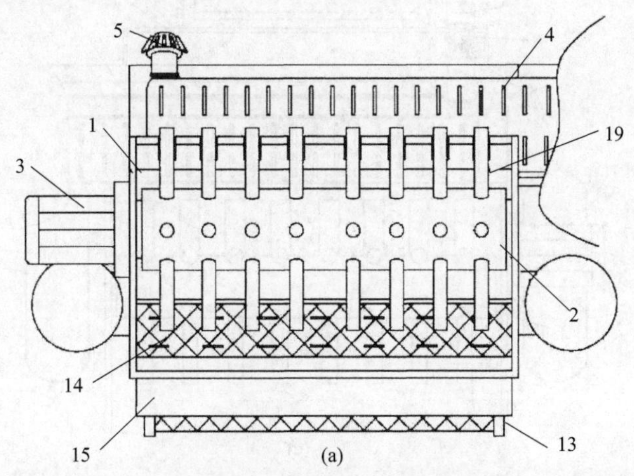

(a)

1—安装支架；2—打捞滚筒；3—驱动电机；4—转移履带；5—履带齿轮；

13—清理钩；14—滤网盒；15—磁力挡板；19—打捞棒

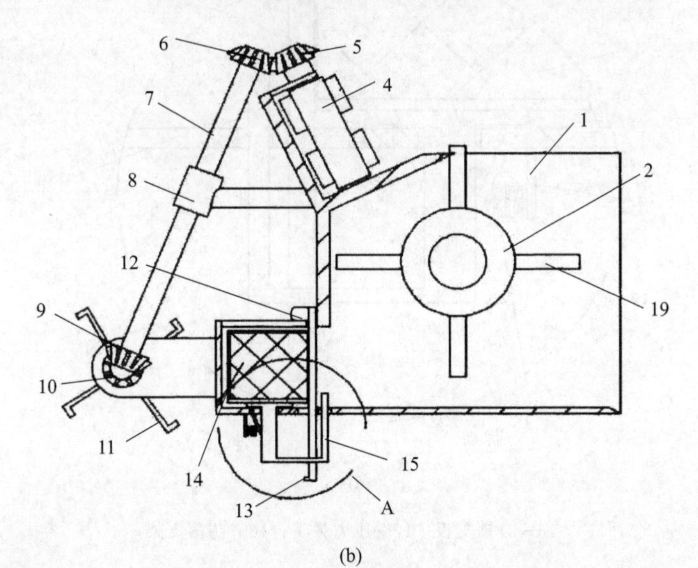

(b)

6—输出齿轮；7—传动杆；8—支撑杆；9—输入齿轮；10—动力齿轮；11—水车；12—提手

图 10-18

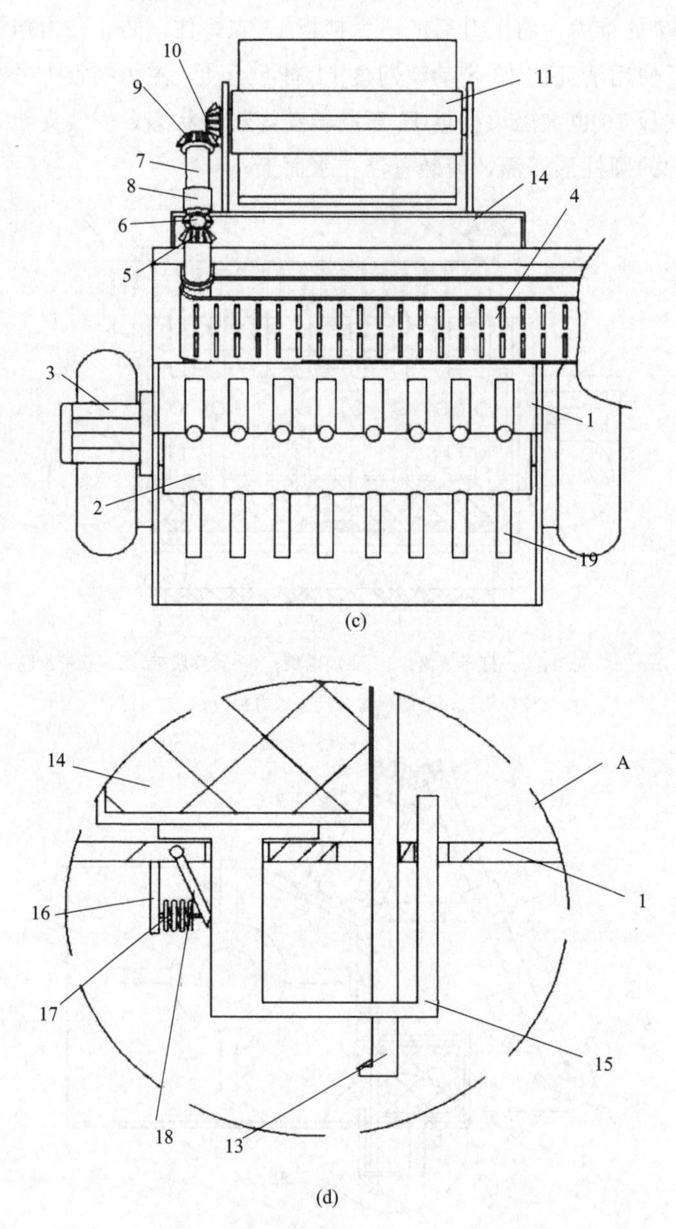

16—自锁支板；17—压力弹簧；18—防落支架

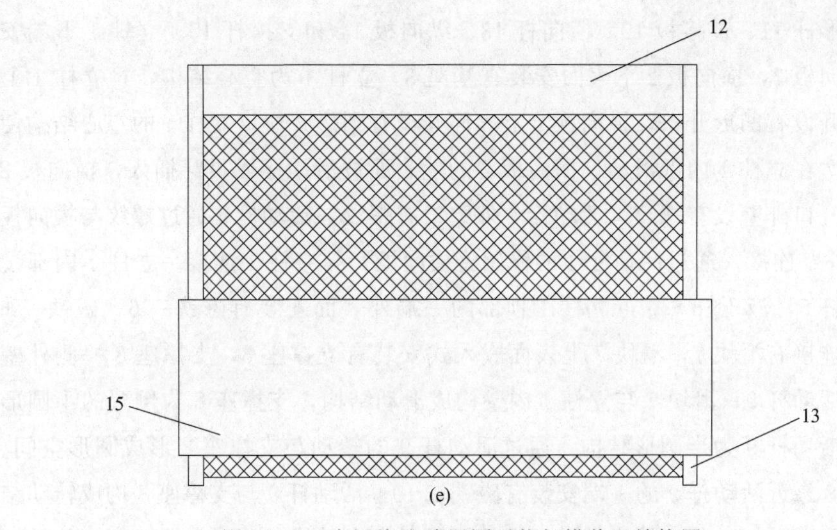

图 10-18　水污染防治用漂浮物打捞装置结构图

工作原理：在使用该水污染防治用漂浮物打捞装置时，首先使用驱动电机 3 使打捞滚筒 2 转动，打捞滚筒 2 表面的打捞棒 19 将漂浮物挑起带至安装支架 1 上端的隔板，安装支架 1 侧面的下端连接有水车 11，水车 11 由水流驱动，通过齿轮和传动杆将动力传递给转移履带 4，最后由转移履带 4 将杂物运送出装置，不能被打捞起的细小杂物将被滤网盒 14 拦住，通过拉动与提手 12 相连接的清理钩 13 带动滤网盒 14 升起后清理，增加了整体的实用性。

第十九节　可调节的矿山环境治理用支护装置

支护装置普遍用于国内外矿井巷道、铁路及各类地下工程的隧道中，通过支护装置的支撑防护作用，以保障施工工程安全、高产和高效开展；随着矿山支护装置制造技术的日趋成熟，支护装置的使用安全性也越来越高，目前的支护装置的种类有很多，通过不同类型的支护装置在实际场合中的应用发现，现有的支护装置在支护过程中整体结构虽有一定的稳定性，但是在需要进行高度调节时常常要将整体装置拆卸分解，并重新更换组装，在此过程中产生了较多的零件，增加了工作量的同时影响了便捷性。

可调节的矿山环境治理用支护装置如图 10-19 所示，包括立柱 1、横向板 2、基座 3、活动栓 4、液压杆 5、磁铁一 6、滑块 7、支撑座 8、活动杆 9、磁铁二

10、拱形杆 11、连接板 12、横向杆 13、纵向板 14 和支撑杆 15。立柱 1 下端安装有横向板 2，横向板 2 下表面安装有基座 3，立柱 1 为空心结构，且立柱 1 上端外壁开设有凹形开口，横向板 2 上表面开设有圆形开口，立柱 1 的空心结构使得滑块 7 在立柱 1 内部滑动。横向板 2 的上表面被活动栓 4 贯穿插入，横向板 2 的圆形开口外壁设有螺纹，活动栓 4 外壁设有螺纹，活动栓 4 通过螺纹与横向板 2 开口外壁连接，通过活动栓 4 的作用将横向板 2 与立柱 1 连接。立柱 1 内部设有液压杆 5，液压杆 5 靠近立柱 1 顶部的一端外表面安装有磁铁一 6，磁铁一 6 上表面连接有滑块 7，滑块 7 上表面嵌入式安装有支撑座 8，支撑座 8 一侧外壁安装有活动杆 9，滑块 7 与立柱 1 内壁构成滑动结构，支撑座 8 为倒置的半圆形结构，活动杆 9 为半圆形结构，通过活动杆 9 的转动与支撑座 8 形成圆形空间。支撑座 8 靠近活动杆 9 的一端安装有磁铁二 10，活动杆 9 与支撑座 8 构成转动结构，两对活动杆 9 与支撑座 8 关于滑块 7 的纵向中轴线对称，在活动杆 9 的转动下使横向杆 13 与支撑座 8 的连接稳定。活动杆 9 上方设有拱形杆 11，拱形杆 11 靠近活动杆 9 的一侧外壁安装有连接板 12，连接板 12 靠近活动杆 9 的一侧外壁安装有横向杆 13，横向杆 13 位于支撑座 8 的上表面，立柱 1 的一侧外壁安装有纵向板 14，纵向板 14 远离立柱 1 的一侧外壁被活动栓 4 贯穿插入，纵向板 14 远离立柱 1 的一侧外壁安装有支撑杆 15，支撑杆 15 的两端均安装有纵向板 14，拱形杆 11 与立柱 1 内壁构成滑动结构，横向杆 13 为圆柱形结构，横向杆 13 的长度大于两个活动杆 9 之间的间距，两个立柱 1 通过支撑杆 15 相互连接，通过拱形杆 11 在立柱 1 内壁的滑动以调整拱形面高度。

工作原理：在使用该可调节的矿山环境治理用支护装置时，首先将基座 3 借助横向板 2 安装在立柱 1 底部，一个立柱 1 连同纵向板 14 和支撑杆 15 通过活动栓 4 与另一个立柱 1 连接，并依据矿山的实际长度调整立柱 1 的数量。随后顺时针转动两个活动杆 9，使两个活动杆 9 与两个支撑座 8 之间呈开放状，将横向杆 13 放在支撑座 8 的上表面，随后逆时针转动两个活动杆 9，使两个活动杆 9 与两个支撑座 8 相互贴合，由于支撑座 8 表面安装有磁铁二 10，可提高活动杆 9 与支撑座 8 的连接稳定性；由于滑块 7 上表面嵌入式安装有支撑座 8 并且拱形杆 11 通过连接板 12 与横向杆 13 连接，所以在滑块 7 滑动时，可带动拱形杆 11 一同滑动；立柱 1 的上端开口设计为凹形，将两个滑块 7 分别从两个立柱 1 的上表面放入至立柱 1 内部，使滑块 7 的下表面与液压杆 5 上端的磁铁一 6 相接触，通过磁铁一 6 的磁性，可提高滑块 7 与液压杆 5 连接的稳定性，随后启动液压杆 5，拱形杆 11 在滑块 7 的驱动下在立柱 1 内壁滑动，可调节拱形杆 11 上表面的高度在需要调节与拱形杆 11 连接的两个立柱 1 之间的间距时，将滑块 7 连同拱形杆 11 从立柱 1 内部抽出，更换合适半径的拱形杆 11，并且如上所述，将拱形杆 11 的横向杆 13 放置在支撑座 8 上表面，转动活动杆 9，使拱形杆 11 与支撑座 8 连接，随后将两个滑块 7 分别放入至两个立柱 1 内部，与磁铁一 6 连接，随后启动液压杆 5，液压杆 5 可带动拱形杆 11 移动，完成该装置的宽度调整，增加了整体的实用性。

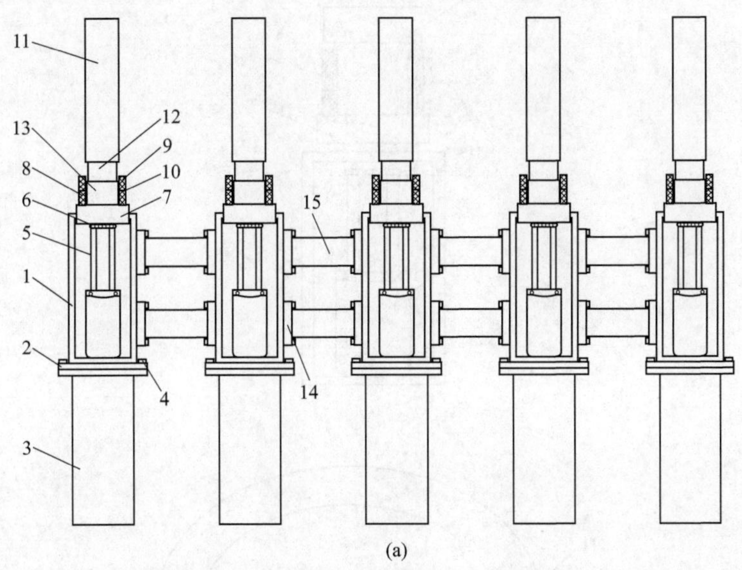

(a)

1—立柱；2—横向板；3—基座；4—活动栓；5—液压杆；6—磁铁一；7—滑块；8—支撑座；9—活动杆；10—磁铁二；11—拱形杆；12—连接板；13—横向杆；14—纵向板；15—支撑杆

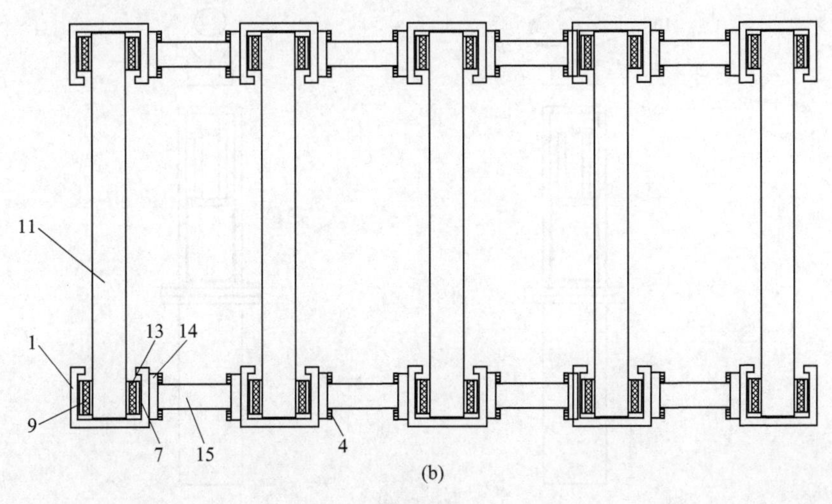

(b)

图 10-19

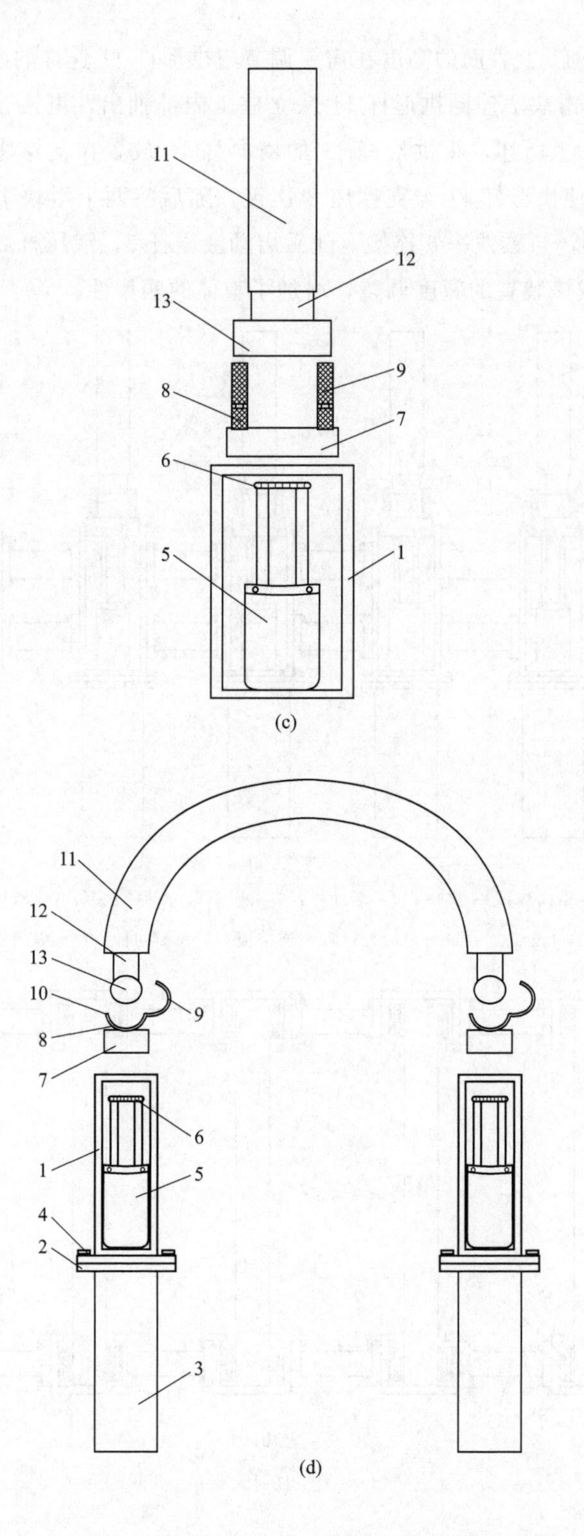
11
12
13
9
8
7
6
5
1
(c)
11
12
13
10
9
8
7
6
1
5
4
2
3
(d)

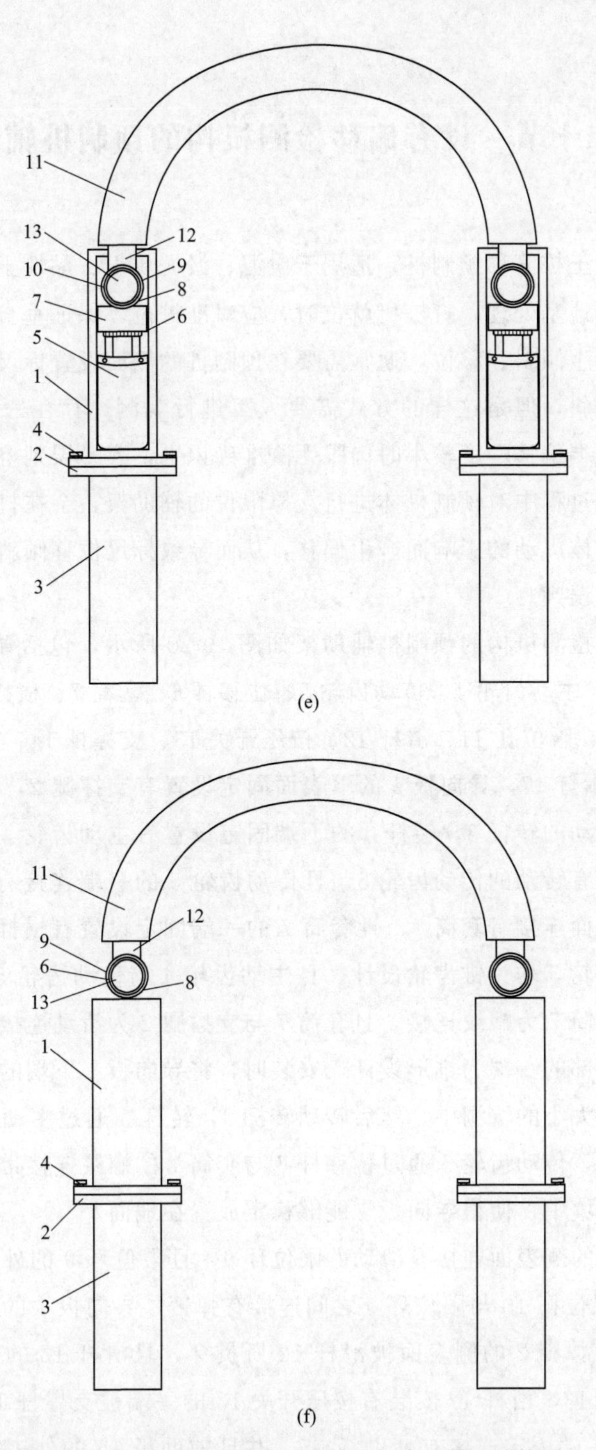

图 10-19　可调节的矿山环境治理用支护装置结构图

第二十节　设有偏移检测机构的预制桩辅助架

预垒水泥土桩简称预制桩，适用于淤泥、淤泥质土、黏性土、粉土、砂土和人工填土等地基处理，打桩机就位时，应对准桩位，保证垂直、稳定，确保在施工中不发生倾斜、移位，通常需要在预制桩的侧面设置标尺以判断预制桩体是否发生倾斜，但是这样的方式需要人工进行观测，存在一定的人为主观性，预制桩上端偏移幅度较小时肉眼无法准确识别，容易误判桩体的状态，同时一些在打桩过程中对预制桩体进行支撑限位的辅助架，会在打桩机大力锤击时受到预制桩体震动的影响而产生偏移，从而导致标尺位移倾斜，导致对预制桩体倾斜度的误判。

设有偏移检测机构的预制桩辅助架如图 10-20 所示，包括导向板 1、支撑腿 2、转杆 3、主动齿轮 4、传动齿轮 5、位移杆 6、套筒 7、横插杆 8、限位环 9、限位杆 10、限位孔 11、滑杆 12、按压开关 13、支撑杆 14、辅助板 15、导向轮 16 和警示灯 17。导向板 1 的下表面固定设置有支撑腿 2，且支撑腿 2 的下端安装有转动的转杆 3，转杆 3 的下端固定设置有主动齿轮 4，支撑腿 2 的下端内部安装有转动的传动齿轮 5，且传动齿轮 5 的一端连接有位移杆 6，位移杆 6 的外表面连接有套筒 7，且套筒 7 的一端固定设置有横插杆 8，主动齿轮 4 与传动齿轮 5 均为锥齿轮设计，且主动齿轮 4 与传动齿轮 5 为啮合连接，位移杆 6 与套筒 7 为螺纹连接，且套筒 7 与支撑腿 2 为滑动连接，横插杆 8 朝向支撑腿 2 外部的一端为锥形设计，安装时，将导向板 1 下端的支撑腿 2 放置预制好的合适大小的坑洞中，然后转动转杆 3，转杆 3 通过主动齿轮 4 带动传动齿轮 5 转动，传动齿轮 5 通过位移杆 6 与套筒 7 的螺纹连接带动横插杆 8 横向滑动插入土壤中，使得导向板 1 能够稳定放置在地面。

导向板 1 的侧表面连接有滑动的限位环 9，且限位环 9 的外表面被限位杆 10 所贯穿，限位杆 10 与限位环 9 之间连接有弹簧，导向板 1 的侧表面开设有限位孔 11，支撑腿 2 的侧表面被滑杆 12 所贯穿，且滑杆 12 的一端侧表面安装有按压开关 13，滑杆 12 安装有按压开关 13 的一端被支撑杆 14 所贯穿，且支撑杆 14 的一端固定连接有辅助板 15，并且辅助板 15 的外表面安装有转动的导向轮 16。导向板 1 的上端外表面固定安装有警示灯 17，且警示灯 17 通过导线与按压开关 13 相连接，限位环 9 的下端面为向内凹陷的斜面设计，且限位环 9 的内侧表面与滑杆 12 的外表面相贴合，滑杆 12 与支撑杆 14 为滑动连接，且支撑杆 14 与滑杆 12 之间连接有弹簧，辅助板 15 为弧形设计，且辅助板 15 与支撑腿 2 之间连接有弹簧。打桩前，向下滑动限位环 9，利用限位环 9 下端内侧的斜面挤压滑杆 12 和支撑杆 14，使得支撑杆 14 带动弧形的辅助板 15 相互贴合形成完整的圆心，然后吊装预制桩，从导向板 1 的上端插入导向板 1 内部，经过导向轮 16 的导向后垂直向下插入预制坑洞，然后通过打桩机进行轻击捶打，使得预制桩能够稳定放置，此时向上滑动限位环 9 直至限位杆 10 在弹簧的支撑下与限位孔 11 卡合，此时限位环 9 放开对支撑杆 14 的挤压保持对滑杆 12 的挤压，使得支撑杆 14 能够在弹簧的带动下相对滑杆 12 滑动，此时导向轮 16 脱离与预制柱柱体的接触并留有一定的间隙，此时辅助板 15 不与按压开关 13 接触，当预制柱在打桩机大力锤击发生偏移时预制柱体挤压导向轮 16 使得辅助板 15 滑动触发按压开关 13，按压开关 13 点亮警示灯 17 以提示工作人员桩体发生倾斜。

工作原理：在使用该设有偏移检测机构的预制桩辅助架时，首先将导向板 1 放置到预定位置并通过转动转杆 3 的方式将导向板 1 固定在地面，然后通过导向板 1 和辅助板 15 对预制柱体的导向以及辅助板 15 在预制柱锤击过程中对预制柱位置的监测实现防止预制柱大幅度偏移的目的，增加了整体的实用性。

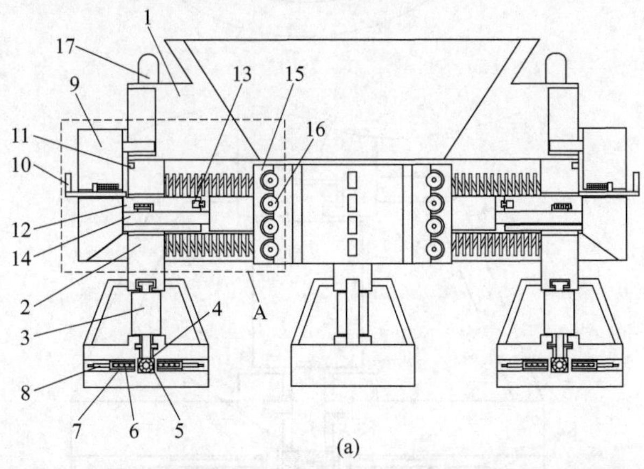

1—导向板；2—支撑腿；3—转杆；4—主动齿轮；5—传动齿轮；6—位移杆；7—套筒；8—横插杆；9—限位环；10—限位杆；11—限位孔；12—滑杆；13—按压开关；14—支撑杆；15—辅助板；16—导向轮；17—警示灯

图 10-20

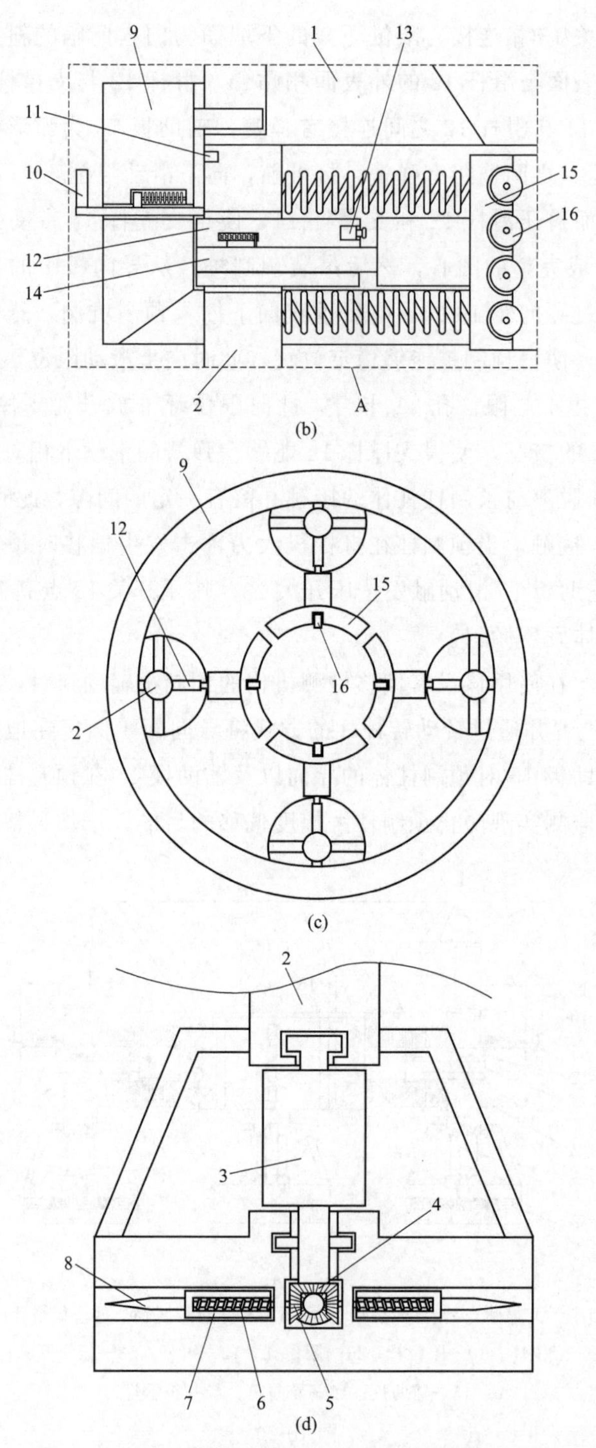

图 10-20 设有偏移检测机构的预制桩辅助架结构图

第二十一节　样品管易更换的防护型矿山地质取样机构

现在的矿山地质取样大多使用的是一些简易的洛阳铲，其实施方式是通过手动按压将洛阳铲压入土层进行取土，随后将取上来的土进行土样采集和成分分析，从而确定土壤的年份和土层的厚度等。现有的土壤取样在采样土层较深的土时不易取出，同时也会在采集的过程中因为洛阳铲和土壤的接触面积很大，导致土壤压缩最终导致采集的精度较差，现有的地质勘测取样用装置，定位效果不太好，不能够固定在土壤中，且取样管的更换不太方便。本实用新型的目的是提供一种样品管易更换的防护型矿山地质取样机构，以解决较深的土不易取出、精度较差、定位效果不太好、取样管的更换不太方便的问题。

样品管易更换的防护型矿山地质取样机构如图 10-21 所示，包括连接板 1、支撑底座 2、定位插板 3、限位销 4、固定通孔 5、滑动支板 6、取样丝杆 7、安装盒 8、固定块 9、传动丝杆 10、推板 11、取样管 12、防掉挡板 13 和稳定辊 14。连接板 1 的下表面连接有两个支撑底座 2，连接板 1 与支撑底座 2 构成滑动连接，且连接板 1 与支撑底座 2 之间连接有弹簧，支撑底座 2 两端的上表面设置有防护挡板，在使用本装置时，首先拉动两个支撑底座 2 使其滑动展开，随后滑动限位销 4 松开一侧的定位插板 3。连接板 1 的表面贯穿安装有定位插板 3，且连接板 1 的侧表面安装有限位销 4，支撑底座 2 的表面开设有固定通孔 5，定位插板 3 与连接板 1 构成滑动连接，且定位插板 3 的下端为锥形设计。定位插板 3 的侧表面设置有凹槽，限位销 4 与连接板 1 构成滑动连接，且限位销 4 与连接板 1 之间连接有弹簧，限位销 4 与定位插板 3 构成卡合连接，将定位插板 3 穿过支撑底座 2 表面的固定通孔 5 并插入土壤中进行固定并限位支撑底座 2，最后松开限位销 4 使其表面的弹簧拉动限位销 4 卡在定位插板 3 上端侧表面的凹槽中进行固定，通过支撑底座 2 展开扩大支撑面，并且通过定位插板 3 插入地面进一步提升支撑的稳定性。连接板 1 的上方设置有滑动支板 6，且连接板 1 的上表面连接有取样丝杆 7，滑动支板 6 与连接板 1 构成滑动连接，滑动支板 6 与取样丝杆 7 构成螺纹连接，并且取样丝杆 7 与连接板 1 构成转动连接，取样时通过转动取样丝杆 7 使其带动表面的滑动支板 6 下滑，从而通过固定块 9 带动取样管 12 进行下降进而将取样管 12 插入地面进行取样。滑动支板 6 空腔的内壁设置有凹槽，且滑动支板 6 的凹槽中连接有安装盒 8，安装盒 8 的表面连接有固定块 9，且安装盒 8 的表面设置有传动丝杆 10，传动丝杆 10 的上表面贯穿滑动支板 6 的上表面，安装盒 8 与滑动支板 6 构成滑动连接，安装盒 8 与固定块 9 构成滑动连接，安装盒 8 与固定块 9 之间连接有弹簧，传动丝杆 10 与安装盒 8 构成螺纹连接，且传动丝杆 10 与滑动支板 6 构成转动连接，当需要更换取样管 12 时，转动两个传动丝杆 10 带动两侧的安装盒 8 上滑，使得安装盒 8 通过固定块 9 带动取样管 12 上升，使得取样管 12 侧表面的防掉挡板 13 在表面弹簧的推动下伸出，通过防掉挡板 13 搭在滑动支板 6 的上表面从而防止取样管 12 掉落，提高了本装置在拆卸取样管 12 时的便捷性。固定块 9 一端的上表面固定有推板 11，滑动支板 6 的空腔中设置有取样管 12，且取样管 12 上端的侧表面安装有防掉挡板 13，支撑底座 2 空腔的内壁固定有稳定辊 14，取样管 12 的下端为倾斜设计，且取样管 12 的侧表面设置有凹槽，防掉挡板 13 与取样管 12 构成滑动连接，且防掉挡板 13 与取样管 12 之间连接有弹簧，稳定辊 14 的表面设置有胶垫，随后通过推动两个推板 11 带动下端的固定块 9 滑动松开取样管 12，即可对取样管 12 进行更换，提高了工作的效率。

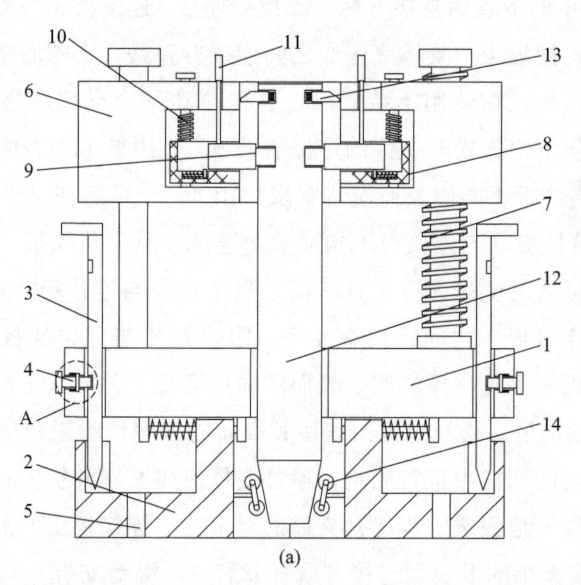

(a)

1—连接板；2—支撑底座；3—定位插板；4—限位销；5—固定通孔；6—滑动支板；7—取样丝杆；8—安装盒；9—固定块；10—传动丝杆；11—推板；12—取样管；13—防掉挡板；14—稳定辊

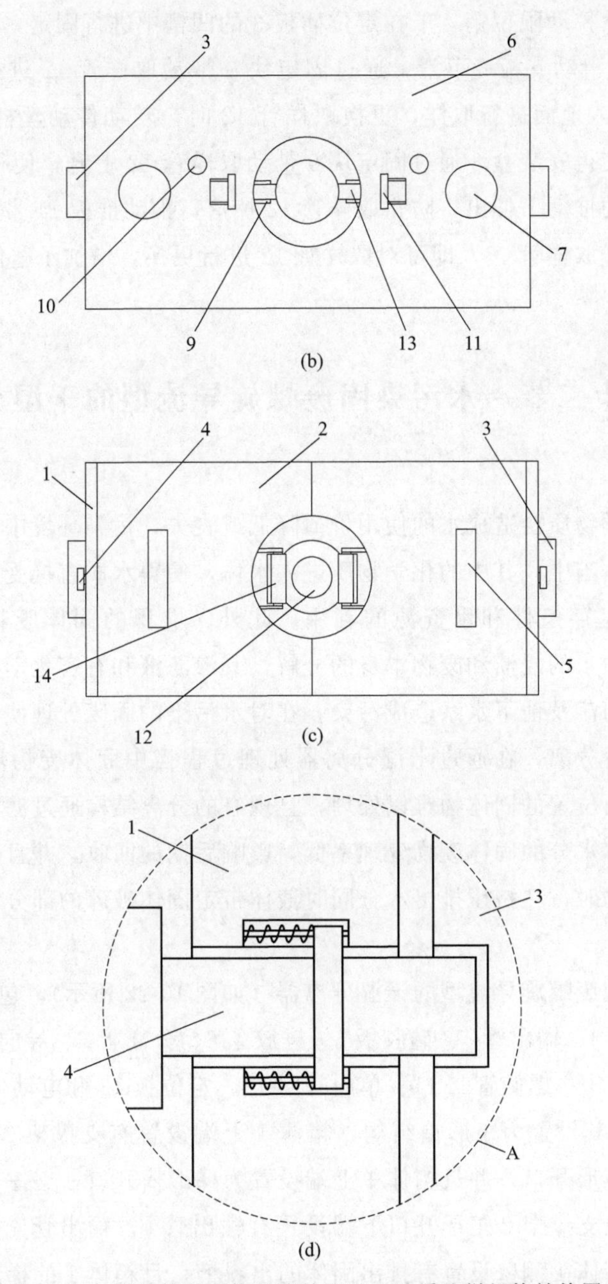

图 10-21　样品管易更换的防护型矿山地质取样机构结构图

工作原理：在使用该样品管易更换的防护型矿山地质取样机构时，首先拉动两个支撑底座 2 滑动展开，随后滑动限位销 4 松开定位插板 3，将定位插板 3 穿过固定通孔 5 插入土壤中进行固定并限位支撑底座 2，松开限位销 4 通过其表面的弹簧拉动限位销 4 卡在定位插板 3 的凹槽中进行固定，转动取样丝杆 7 带动表面的滑动支板 6 下滑，通过固定块 9 带动取样管 12 进行下降进而将取样管 12 插入地面进行取样，更换取样管 12 时，转动传动丝杆 10 带动安装盒 8 上滑，使得安装盒 8 通过固定块 9 带动取样管 12 上升，使得防掉挡板 13 在表面弹簧的推动下伸出，防止取样管 12 掉落，推动推板 11 带动下端的固定块 9 滑动松开取样管 12，即可对取样管 12 进行更换，增加了整体的实用性。

第二十二节　水污染固废螺旋导流型的干湿分离器

有害化学物质会造成水的使用价值降低或丧失，污染环境中的水。固体废物堆积在水体当中，其中的化学物质进入水体，使得水质直接受到污染，严重危害生物的生存条件和水资源的利用。此外，堆积的固体废物（简称“固废”）经过雨水的浸渍和废物本身的分解，其渗滤液和有害化学物质的迁移和转化，将对河流及地下水系造成污染。在对水污染的固废处理使用时需要对固体与液体进行分离，在通过干湿分离器处理过程当中固体废物堆积在箱体内部，位于死角位置的固体物难以处理，且现有的分离结构通过滤网对固液直接分离，对含有水分的固体废物处理率低，影响后期的回收，并且在处理含水率高的固体废物时，在挤压排出水分同时液体带走固体破碎的部分结构，容易堵塞内部管道。

水污染固废螺旋导流型的干湿分离器（如图 10-22 所示），包括箱体 1、支撑架 2、推板 3、输出管 4、硅胶板 5、硅胶条 6、分离板 7、导向板 8、过滤网 9、螺旋管一 10、螺旋管二 11、单向阀门 12、定位板 13 和电动伸缩杆 14。其中，箱体 1，其设置为矩形箱结构，箱体 1 上端设置有支撑架 2，且支撑架 2 上端设置有矩形开口，并且箱体 1 上端设置为梯形槽开口，支撑架 2 两侧被螺纹杆贯穿，且支撑架 2 矩形开口下端设置有输出管 4，输出管 4 底端与推板 3 内壁连接，箱体 1 侧壁设置有排出固体的出料槽，且箱体 1 的梯形槽侧壁设置有与定位板 13 卡合连接的凹槽，推板 3 上端与支撑架 2 两侧贯穿的螺纹杆连接，且推板 3 横截面设置为体型结构，并且推板 3 贯穿箱体 1 上端的硅胶条 6 内部。支撑架 2 与箱体 1 连接的柱体结构为电控的伸缩杆结构，使用时电力驱动支撑架 2 的电控伸缩杆结构，通过支撑架 2 上方的矩形开口将携带液体的固废通过支撑架2上端的矩形开口通过输出管4推入推板3内部，通过推板3内部底端的工状板体对固废向两侧分离，由于硅胶板5为硅胶材质制成，在硅胶板5上方被分离固废堆积时，在重力的影响下将使得硅胶板5向下位移，将固体废物导向箱体1梯形槽内部，使用时箱体1上端设置的硅胶条6为推板3起降活动范围提供限位，使用时推板3通过支撑架2内部贯穿的螺纹杆保持连接，使得支撑架2起降带动推板3同步升降作业；硅胶板5，其安装在推板3内部底端，硅胶板5对称设置有两个，且两个硅胶板5呈斜坡状对称设置，硅胶板5下方的箱体1梯形槽内部设置有分离板7，且分离板7底端与导向板8卡合连接，导向板8底端设置为弧形结构，硅胶板5上端与推板3内部中间的工状板体接触，且硅胶板5底端一侧设置为锯齿状凸起结构，导向板8上端与箱体1的梯形槽卡合连接，且箱体1内壁底端设置有与导向板8底端对接的柱体结构。

在固体废物推动硅胶板5向下活动时，硅胶板5底端的锯齿状结构，在重量影响下，向下位移，贴近箱体1梯形槽内壁底端接触，在推板3下落过程当中位于分离板7上方，于箱体1内部的固废推动硅胶板5向上贴近推板3内壁的工状板体结构，使得硅胶板5配合推板3对固废进行挤压，将固废当中的液体挤出，通过分离板7内部的孔洞向下流动，安装时分离板7位于导向板8上端，箱体1梯形槽底端，便于将挤压的液体向导向板8内部输出。过滤网9，其对称安装在导向板8两侧，导向板8两侧对称设置有螺旋管一10和螺旋管二11，且两个过滤网9分别与螺旋管一10和螺旋管二11一端对接，箱体1梯形槽内部一侧设置有定位板13，且定位板13背面对称设置有电动伸缩杆14，并且电动伸缩杆14通过钢架安装在箱体1外壁面，螺旋管一10和螺旋管二11另一端设置有单向阀门12，且单向阀门12底端贯穿箱体1底端，螺旋管一10和螺旋管二11为同方向螺旋设置。由于导向板8内壁底端为弧形结构，携带碎块进入导向板8内部的液体向两侧分流，配合导向板8两侧设置的过滤网9对液体当中的固体废物进行拦截，减少固体废物堆积在螺旋管一10和螺旋管二11内部，安装在导向板8底端的杆体位于双端螺纹连接的杆体结构，便于对导向板8安装拆除作业，其中螺旋管一10和螺旋管二11为两条螺旋状设置的管道，安装时螺旋管一10和螺旋管二11分别通过之间的空隙交错设置，位于螺旋管一10和螺旋管二11底端的单向阀门12，便于液体的输出，在支撑架2抬起推板3时，使得推板3底端高于硅胶条6，通过电力驱动电动伸缩杆14，位于箱体1梯形槽内部的定位板13将内部的固废向箱体1一侧的开口推出，在使用时箱体1一侧的开口通过硅胶软塞塞住。

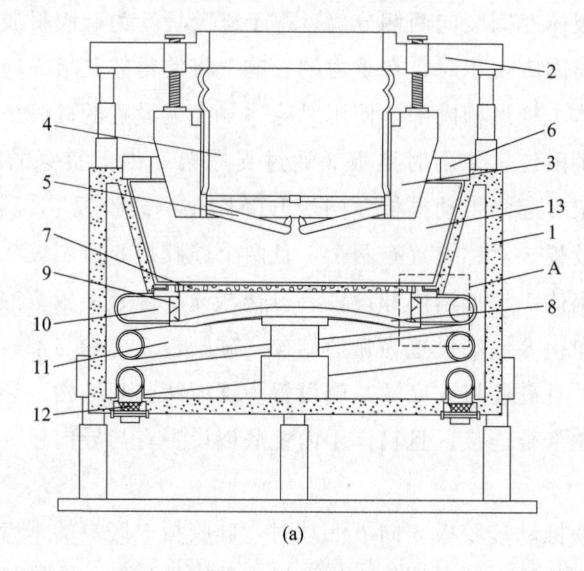

(a)

1—箱体；2—支撑架；3—推板；4—输出管；5—硅胶板；6—硅胶条；7—分离板；8—导向板；9—过滤网；10—螺旋管一；11—螺旋管二；12—单向阀门；13—定位板；14—电动伸缩杆

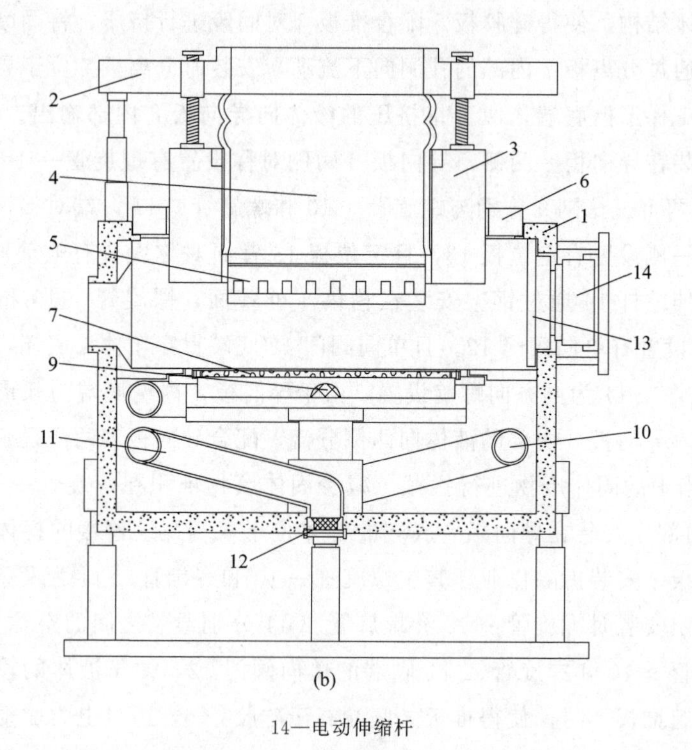

(b)

14—电动伸缩杆

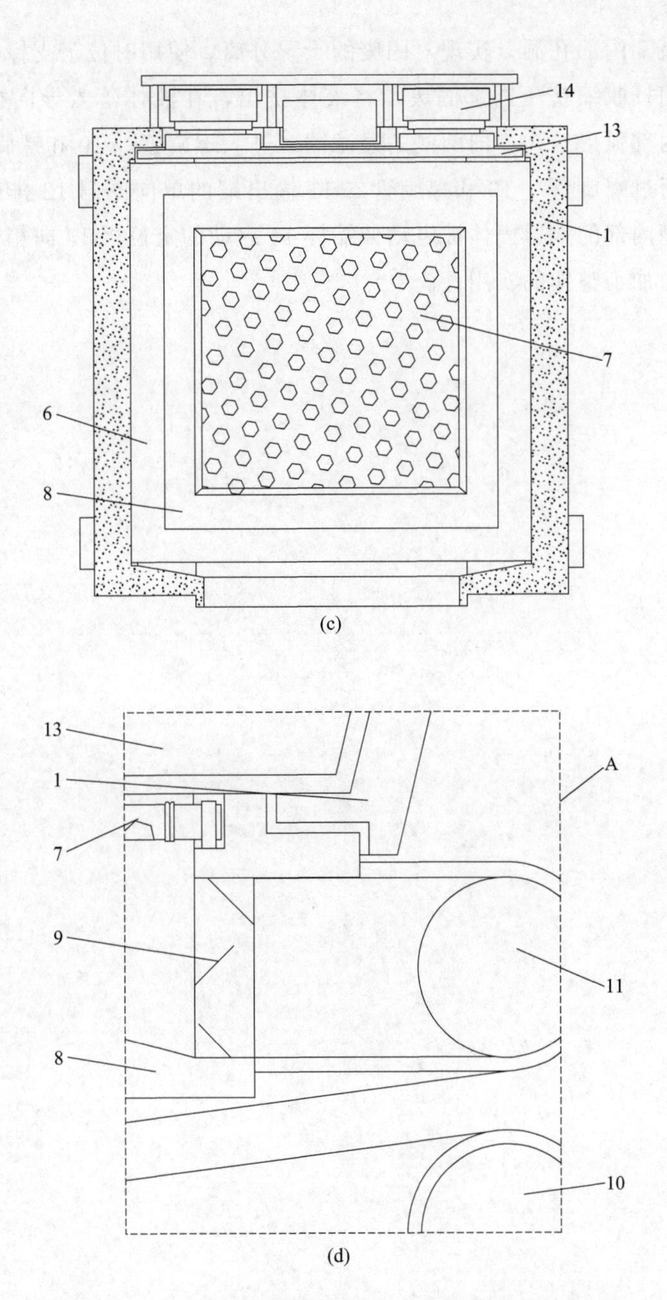

图 10-22　水污染固废螺旋导流型的干湿分离器结构图

工作原理：在使用该水污染固废螺旋导流型的干湿分离器时，通过支撑架 2 上端矩形开口将携带污水的固废倒入输出管 4 内部，使得固废被推板 3 内壁设置的工状板体结构向两侧分离，固废推动硅胶板 5 向下落入分离板 7 上方，配合分离板 7 内部孔洞，实现对固废的干湿分离。使用时位于支撑架 2 两侧底端电控伸缩杆收缩挤压内部固废，将液体挤出，在液体落入导向板 8 内部之后，随着内部弧形结构，向两侧的过滤网 9 进入螺旋管一 10 和螺旋管二 11 内部，之后通过螺旋管一 10 和螺旋管二 11 输出端的单向阀门 12 排出。位于箱体 1 矩形槽内部的残留固体被电动伸缩杆 14 启动的定位板 13 向箱体 1 一侧开口排出，增加了整体的实用性。

第十一章

野外作业消防安全

地勘单位野外作业主要包括钻探、物化探、测量、地质调查、野外踏勘等，多在森林、草场等人烟稀少，远离城市，火灾易发、多发，危险性较大地区进行（如图 11-1、图 11-2 所示）。生活后勤方面，为方便开展工作，人员需要在野外作业区域内搭建帐篷、锅灶等临时设施，使用液化气、煤炭、木材等燃料进行明火做饭、取暖，并采用汽油或柴油发电机等发电设备为驻地提供电力。施工方面，钻探施工照明电力和动力主要由柴油发电机供给，物探电法仪器需要电力，通常使用汽油发电机提供，需要使用柴油、汽油。因此，加强消防安全管理，及时消除火灾隐患，对于预防火灾，保障地勘单位野外作业安全尤为重要。

图 11-1　山区河谷

图 11-2 野外钻探后勤生活区

第一节 野外作业消防安全风险

一、人的不安全行为风险

消防风险主要包括：施工人员在钻探施工场所内吸烟，乱丢烟头引起火灾；在给发电机等用油设备加注柴油、汽油时操作不当引起火灾、爆炸；使用煤炭或木材加热泥浆助剂时防火措施不当引起火灾；某些在林区、山区进行野外踏勘的地质人员在天气较冷或夜晚时段点燃篝火取暖、预防猛兽袭击，对于取暖用篝火没有专人看管、缺少防风措施引起火灾；职工在宿舍使用煤炉取暖时防火措施不到位引燃帐篷或房屋；使用液化气、煤气等做饭后忘记关闭阀门导致火灾、爆炸；职工宿舍内电线老化、私拉乱扯，造成电线短路起火；电线距离帐篷过近、多用插座距离被褥过近，因打火引起火灾；职工冬季使用电热毯取暖后忘记关闭引燃被褥等。

二、设备、物资的消防风险

据统计，汽油燃点为427℃，柴油燃点为220℃，而烟头温度最高可达800℃，地勘单位野外作业中需要用到钻机、发电机、物探电法仪器、配电箱等设备，油料、氧气、乙炔气、泥浆助剂等易燃物资。消防风险主要包括：越野车没有防火措施，在长时间高温或太阳暴晒的情况下引起自燃；钻机漏油过多被明火引燃；发电机接地不合格或不接地造成漏电、短路打火引起火灾；配电箱不安装或安装不合格漏电保护器造成线路漏电、短路、过载引起火灾；大功率物探电法发射机或接收机等用电设备出现电气故障或不接地漏电、短路引起火灾；汽油、柴油等油料未能妥善保管或防火措施未做好引起火灾、爆炸；氧气、乙炔气距离明火过近引起爆炸、火灾等。

三、野外环境存在的消防风险

环境条件和气候状况对大型火灾的发生起着决定作用，地勘单位长期在林区、草原、山区作业，施工时间主要集中在春、夏两季，干燥、高温、大风天气易引发森林、草原火灾，火灾突发性强、破坏性大、处置救助较为困难。环境消防风险主要包括：周边危险源辨识不充分，对林区火灾特点不了解，造成火灾发生时未能及时撤离人员、设备；在草原作业没有提前开挖防护隔离带，被草原大火波及造成人员伤亡；火灾高发季节进入森林作业，撤离不及时造成人员被森林大火围困；对作业区域风向、地形辨识不到位，选择错误的撤离、逃生路线等。

四、消防安全管理风险

消防安全管理风险主要包括：没有制定野外作业消防责任制，造成消防管理职责不明确，日常消防管理缺少统一协调指挥；消防安全教育培训不到位或未进行消防培训，导致职工缺少火灾防范意识，自救互救能力差；作业区域火灾风险辨识不充分或未进行风险辨识评价，无法提前对火灾做出有效预防；没有定期进行消防安全检查，及时排除火灾隐患，导致火灾事故发生；消防应急预案、措施制定不完善或未制定，火灾事故应对不力，造成较大人员、财产损失；消防器材配备不足，无法有效扑灭火灾，导致火势扩大等。

第二节　地勘单位野外作业消防安全管理对策

野外作业消防安全管理根本上还是要从思想上重视，坚持“预防为主，防消结合”的原则，从责任落实和日常管理上下功夫，通过管理建立健全野外消防安全责任体系，定期开展消防安全检查，着力提升野外施工人员的消防安全意识和自救互救能力，配备充足的消防装备和器材。

一、建立健全消防制度，努力完善消防管理

根据野外作业实际制定切实可行的消防安全管理制度，以制度为指导构建野外消防安全管理体系，编制《野外作业消防安全责任制》《野外作业防火规定》《野外消防安全检查制度》《野外消防器材管理制度》《野外火灾事故处理办法》等制度规程，在原有安全管理制度的基础上增加消防安全内容，与野外工作人员签订《消防安全责任书》，明确人员消防责任，同时结合野外作业实情定期对消防安全制度进行修订，以提高制度的适用性。

二、加强消防监控检查，杜绝消防安全隐患

定期对作业区域内及其周边的火灾危险源点进行检查，制订日、周、月、季、年消防检查工作计划，编制《野外消防安全检查表》，避免检查漏项，检查包括消防管理资料的填写保存情况、施工机械设备的消防状况、人员的消防安全知识掌握程度、周边环境的火灾风险、消防隐患的整改控制等内容。在野外作业中严格按照规程标准检查消防设备器材的使用状况，避免器材受环境影响或管理不善失效，做好野外燃气、炊具等高温加热设备的防火工作，以及易燃易爆物资的消防管理。重点抓好用电设备消防安全检查，按照施工机械设备的性能要求合理选择，正确安装，防止用电设备过负荷运行，保持配电线路和用电设备正常的散热条件，选择使用导线时应满足负载电流的要求，随负荷增加导线不能满足要求时应更换新的导线或采取其他补救措施，加强检修管理，经常巡视、观察线路、设备的运行情况，避免缺陷运行，发现导线破股断股应及时采取补救措施。配电室等场所应严格防止老鼠或鸟类的进入，以免因老鼠或鸟类的跨接，造成短路事故。正确选择保护装置，合理整定，在过负荷或短

路时能及时准确可靠地切断电源，杜绝用铜铅丝代替熔断件使用。

三、切实强化宣传教育，全面普及消防知识

消防宣传教育是做好地勘单位野外消防安全工作、提高消防安全素质的重要手段，要排除野外作业中的人为风险就要健全组织领导机制，深入推进消防安全知识的普及，同时完善培训教材内容，建立考查和评价机制，推动建立“群防群治，齐抓共管”的野外消防格局。加大野外作业消防宣传力度，注重发挥消防文化的渗透作用和主题活动宣传作用，充分利用网站等媒介加大提示性、警示性宣传频次，加大对消防法律法规、典型火灾案例、重大火灾隐患和严重违法违章行为的宣传、报道，教育引导野外职工自觉遵守消防法律法规，增强消防安全意识。

野外消防教育要精练培训内容，丰富培训方法，对于不同层次的培训对象，培训的内容必须有所选择，有所侧重，要紧密结合地勘单位野外作业的消防管理特点进行讲解。首先，理论教学的方式要不断创新，要改变以往单一的讲授教学方法，采用案例教学、模拟演示、实际动手操作等各类方法，强化互动教学，为受教育人员提供学习交流平台，相互学习，相互补充，取长补短。其次，要增加实践教育，开展现场教学，对于一线作业人员、项目负责人应增加火灾疏散组织、初起火灾扑救应急处置演练，让参训人员自己动手操作各类型消防器材，掌握扑救火灾的科学、正确方法。同时还应当注重培训效果的检验，通过考试检验消防培训的质量和效果，建立人员消防培训档案，加强培训管理。

四、做好消防风险辨识，完善应急救援管理

加强对野外作业消防风险辨识，尽可能全面地对作业中存在的人、机、环、管消防安全风险进行辨识评价等，编制《野外作业消防风险辨识评价表》。在全面调查作业区域消防特点的基础上增强野外消防应急预案内容的科学性、可操作性和衔接性，预案内容应尽可能全面地考虑到可能出现的各种火灾事故，根据具体火灾事故的机理开展科学分析和论证，明确人员职责以及应采取的措施，在形成书面文件的同时，配以图、表等形式表达，制定出合理的野外火灾事故应急处置程序。此外，野外消防应急预案还应与综合应急预案、现场应急预案协调一致、相互兼容，应从应急组织机构、职责及相互关系、工作制

度、运行方式、应急队伍和装备等方面做好衔接。定期开展野外消防应急演练，在保证安全可控的条件下增强演练环境的真实性，尽量模拟真实火灾发生场景，制造真实感，增强人员的感性认识，使参演人员能够体会到火灾危险。

五、建立临时消防队伍，充分做好应对准备

野外作业场所离城市和人口聚集区较远，交通不便，发生火灾时，高效、快速、技术过硬的消防队伍是扑灭初起火灾、控制火势、减少人员伤亡和财产损失的关键。野外作业单位应加强临时消防队伍的建设，从施工人员中抽调具备消防安全意识、责任心强、自我保护意识好、掌握火灾扑救技术的人员组成临时消防队伍，配发救火装备，并定期专门进行火灾扑救演练、野外消防知识和消防器材的使用强化，保证队伍在发生野外火灾险情时能够及时投入使用，随时做好应对火灾的准备。

六、配备消防装备器材，及时有效扑救火灾

野外消防装备器材主要包括灭火、破拆、逃生、防护等装备，为保证发生火灾时能够及时扑救，在野外作业人员帐篷和驻地房屋内外应当配备充足的手提式灭火器、隔热服、防毒面具、救生绳，在野外驻地还需要另外配备一定数量的推车式灭火器以及消防斧、撬杠等破拆工具，定期对灭火器等消防器材进行检查，保证正常使用状态。

第十二章

应急预案及应急演练

作为开展野外地质钻探的单位，由于作业现场环境恶劣、人员设备投入多，面临的安全风险较高（如图 12-1、图 12-2 所示）。由于地勘施工的特殊性，采用传统的应急演练评价模式已无法真实地体现应急演练实际水平，因此需要通过调查分析构建用于地质勘探应急演练的评价模式，切实通过应急演练评价体系，查找应急演练存在的实际问题，提高应急演练的时效性。因此，需要构建一套适用于地勘的应急演练评价体系。

图 12-1　冬季钻探施工

图 12-2　秋季钻探施工

第一节　应急预案编制与演练

地质勘探工作地点多位于偏远地区，外部环境复杂，存在多种工作危险和有害因素，危害辨识工作必须全面覆盖，应做好地质勘探过程中各种危险因素的监测预警、应急响应，在应急演练开始前应进行动员和培训，确保所有参与者掌握演练规则，在实战演练中完成各自任务。掌握应急知识对于改进应急演练具有重要意义，人员应接受应急知识、演练概念和演练规则、工作职责、控制和管理过程、评估方法、工具使用、应急反应技能和个人防护装备使用等方面的培训。

企业在生产经营过程中常常会遇到各类紧急情况，如人员伤亡、火灾、爆炸、事故等。紧急情况往往会造成职工、客户和公众伤亡，或中断生产经营活动、造成物质或环境损失、威胁企业的财力，损坏企业公共形象等，为降低紧急事故造成的损失，企业必须制定应急预案。应急预案指面对突发事件如自然灾害、事故、环境公害及人为破坏的应急管理、指挥、救援计划等。应急预案编制应按照以下步骤：一是成立工作组。结合本单位部门职能分工，成立以单位主要负责人为领导的应急预案编制工作组，明确编制队伍、职责分工、制定工作计划。二是资料收集。收集应急预案编制所需的各种资料。三是危险源与风险分析。在危险因素分析及事故隐患排查、治理的基础上，确定本单位的危险源、可能发生事故的类型和后果，进行事故风险分析并指出事故可能产生的次生事故形成分析报告，分析结果作为应急预案的编制依据。四是应急能力评估。对本单位应急装备、应急队伍等应急能力进行评估，并结合本单位实际，加强应急能力建设。五是应急预案编制。针对可能发生的事故，按照有关规定和要求编制应急预案。应急预案编制过程中，应注重全体人员的参与和培训，使所有与事故有关人员均掌握危险源的危险性、应急处置方案和技能、应急预案充分利用社会应急资源，与地方政府预案、上级主管单位以及相关部门的预案相衔接。六是应急预案的评审与发布，评审由本单位主要负责人组织有关部门和人员进行。外部评审由上级主管部门或地方政府负责安全管理的部门组织审查。评审后，按规定报有关部门备案，并由生产经营单位主要负责人签字且发布。

地质勘探工作的应急救援需要多个部门之间的密切合作，因此需要建立一个统一的指挥和协调机制，合理配置各种救援资源，及时把握发展现状，同时，各部门之间应该及时地沟通，建立应急救援过程中紧急救援部门协调与其他救援部门，监督管理各个环节的应急救援工作，确保规章制度的有效实施。在发生事故时，首要任务是及时疏散人员，做好安置工作，减少人员伤亡。当紧急救援指示下达时，应确保救援人员及时到位、救援工作有效开展、应急救援物资配备充足、救援技术先进可行。（如图 12-3、图 12-4 所示）。

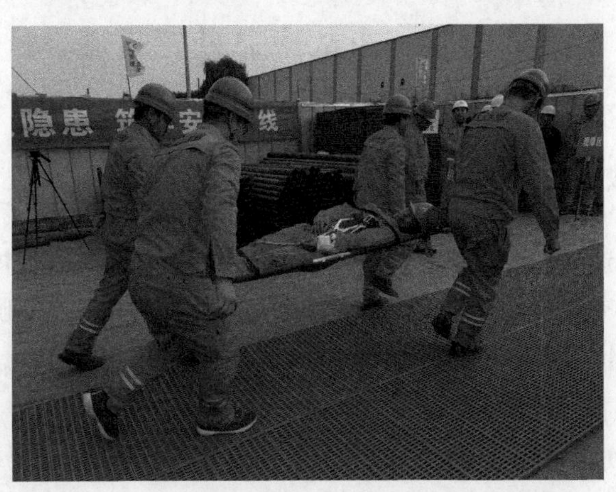

图 12-3 钻探施工高处坠落事故现场应急演练

图 12-4　坑道钻探施工中毒窒息现场应急演练

应急演练结束后要认真做好总结工作，采用科学的方法对应急恢复能力和可用的应急资源进行总结评估，充分考虑消除事故影响、妥善安置受伤人员、减少社会影响等善后因素，对于生产因突发事件受到影响的应确定影响程度，及时调整相关生产计划，采取有效措施，尽量减少损失。同时，通过从演练错误中吸取教训，总结有效经验和措施，修订完善相关应急预案。

第二节　事故应急处置措施

一、触电事故应急处置措施

触电可能导致电击或电伤，电击是电流通过人体，刺激机体组织，使肌肉非自主地发生痉挛性收缩而造成的伤害，严重时会破坏人的心脏、肺部、神经系统的正常工作，形成危及生命的伤害。电伤包括电烧伤、电烙印、皮肤金属化、机械损伤、电光眼等伤害，属于局部伤害，其危险程度决定于受伤面积、受伤深度、受伤部位等。

1. 触电事故脱离电源方法

① 低压触电应立即拉掉开关、拔出插销，切断电源。用木板等绝缘物插入触电者身下，以隔断流经人体的电流。用干燥的衣服、手套、绳索、木板、木桥等绝缘物作为工具，拉开触电者及挑开电线使触电者脱离电源。

② 高压触电应立即通知有关部门停电。戴上绝缘手套，穿上绝缘鞋用绝缘工具拉开开关。抛掷一端可靠接地的裸金属线使线路接地；迫使保护装置动作断开电源。

③ 登高作业触电应迅速切断线路电源的开关、刀闸或其他断路设备，对低压带电线路，由救护人员立即登杆至能确保自己安全的位置，系好自己的安全带后，用带绝缘柄钢丝钳、干燥的绝缘体将触电者拉离电源。在完成上述措施后，应立即用绳索迅速将伤员送至地面，或采取可能的迅速有效的措施送至平台上。解脱电源后，可能会造成高处坠落而再次伤害的，要迅速采取地面拉网、垫软物等预防措施。

④ 触电者触及断落在地的带电高压导线，在未明确线路是否有电，救护人员在做好安全措施（如穿好绝缘靴、戴好绝缘手套）后，才能用绝缘棒拨离带电导线。应将现场人员疏散到以导线落地点为圆心 8 米为半径的范围以外，以防跨步电压伤人。

2. 触电事故现场急救措施

在未脱离电源时，切不可用手直接去拉触电者。当触电者脱离电源后应根据触电具体情况迅速采取对症救护。触电者伤势不重，应使触电者安静休息，不要走动，严密观察并请医生前来诊治或送往医院。触电者失去知觉，但心脏跳动和呼吸还存在，应使触电者安静地平卧，周围不要围人，使空气流通，解开他的衣服以利呼吸。触电者呼吸困难、稀少，或发生痉挛，应准备心跳或呼吸停止后立即做进一步的抢救。如果触电者伤势严重，呼吸及心脏停止，应立即施行人工呼吸和胸外挤压，并速请医生诊治或送往医院。

二、高处坠落事故应急处置措施

地质调查、钻探施工、地灾治理等作业过程和办公后勤中，作业人员跨越沟坎或从高处跳下，陡峭山区作业防护不当、矿区作业误踏入盲竖井、塔上作业未配备或未正确使用劳动防护用品、临边作业防护不到位、吊机卷扬机钢丝绳磨损严重未及时更换、吊机吊钩未设置防脱装置或防脱装置失灵、孔口未设置移动式活动盖板、人员上下软梯时踩空、砌筑坝体时人员失足、脚手架搭设不合格等可能导致高处坠落事故。

(1) 高处作业不慎从高处坠落，造成损伤，这样的受伤不管哪个部位先着地，均可能造成脊柱损伤，如搬运不当，可引起损伤加重，甚至引起肢体瘫痪，甚至高位截瘫。如果伤者掉落地不平整，首先由一个人用一手托住伤员的颈后部，另一手按住伤员的臂部外侧骨头处，把伤员作为整体翻转至平卧位；接着至少有三人，一人负责扶住伤员头部，一人托起其胸部和腰部，另一人托住其两下肢。三人应协力地把伤员平托到木板上。头颈两侧可用沙袋固定，有条件最好上颈托，胸腰和两下肢均应用绷带打结固定，以免搬运时加重损伤。同时取去伤员袋内的尖物和硬币、手机等物，以免压伤。注意保持呼吸道通畅，解松伤员颈胸的纽扣，如果口中有异物应立即抠出。有出血或者骨折者应临时上止血带或固定。搬运时应注意伤员脚在前，头在后，有利于急救者观察伤情变化。在搬运和转送过程中，颈部和躯干不能前屈或扭转，而应使脊柱伸直，绝对禁止一个抬肩一个抬腿的搬法，以免发生或加重截瘫。

(2) 出血急救时，伤口渗血，用消毒纱布或用干净布盖住伤口，然后进行包扎。伤口出血呈喷射状或鲜红血液涌出时立即用清洁手指压迫出血点上方（近心端）使血流中断，并将出血肢体抬高或举高，以减少出血量。有条件时用止血带止血后再送医院。

(3) 骨折急救时，肢体骨折可用夹板或木棍、竹竿等将断骨上、下方关节固定，也可利用伤员身体进行固定，以避免骨折部位移动，以减少疼痛。开放性骨折，伴有大出血者应先止血，固定，并用干净布片覆盖伤口，然后速送医院救治，切勿将外露的断骨推回伤口内。疑有颈椎损伤，在使伤员平卧后，用沙土袋（或其他替代物）放在头部两侧使颈部固定不动，以免引起截瘫。腰椎骨折应将伤员平卧在平硬木板上，并将椎躯干及二侧下肢一同进行固定预防瘫痪。搬动时应数人合作，保持平稳，不能扭曲。在搬运和转送过程中，颈部和躯干不能前屈或扭转，而应使脊柱伸直，绝对禁止一个抬肩一个抬腿的搬法，以免发生或加重截瘫。

(4) 发生颅脑外伤时，应使伤员采取平卧位，保持气管通畅，若有呕吐，扶好头部，和身体同时侧转防窒息。耳鼻有液体流出时不要用棉花堵塞，只可轻轻拭去，以利降低颅内压力。颅脑外伤，病情复杂多变，禁止给予饮食，应立送医院诊治。搬动时，应使伤员平躺在担架上，腰部束在担架上，防止跌下。平地搬走时，伤员头部在后，上楼、下楼、下坡时头部在上。

（5）发生穿透伤及内伤时，如有腹腔脏器脱出，可用干毛巾、软布料或搪、瓷碗加以保护，及时去除伤员身上的用具和口袋中的硬物。禁止将穿透物拔除，立即将伤员连同穿透物一起送往医院处置，有条件时迅速给予静脉补液，补充血容量。

三、机械伤害事故应急处置措施

机械使用中易发生撞伤、碰伤、绞伤、夹伤、打击、切削等伤害。机械伤害会造成人员手指绞伤、皮肤裂伤、断肢、骨折，严重的会使身体被卷入轧伤致死，或者部件、工件飞出，打击致伤，可致死亡。

1. 人工呼吸口对口（鼻）吹气法

人工呼吸口对口（鼻）吹气法是现场急救中采用最多的一种人工呼吸方法，具体操作方法是：1. 对伤员进行初步处理：将需要进行人工呼吸的伤员放在通风良好，空气新鲜、气温适宜的地方，解开伤员的衣领、裤带、内衣及乳罩，清除口鼻分泌物、呕吐物及其他杂物：保证呼吸道畅通。2. 使伤员仰卧，施救人员位于其头部一侧，捏住伤员的鼻孔，深吸气后，将自己的嘴紧贴伤员的嘴吹入气体。之后，离开伤员的嘴，放开鼻孔，以一手压伤员胸部，助其呼出体内气体。如此，有节律地反复进行，每分钟进行 15 次。吹气时不要用力过度，以免造成伤员肺泡破裂。吹气时，应配合对伤员进行胸外心脏按摩。一般地，吹一次气后，作四次心脏按压。

2. 心肺复苏胸外心脏按压

心肺复苏胸外心脏按摩是心脏复苏的主要方法，它是通过压迫胸骨，对心脏给予间接按摩，使心脏排出血液，参与血液循环，以恢复心脏的自主跳动。具体操作方法是：①让需要进行心脏按压的伤员仰卧在平整的地面或木板上。施救人员位于伤员一侧，双手重叠放在伤员胸部两乳正中间处，用力向下挤压胸骨，使胸骨下陷 3～4cm，然后迅速放松，放松时手不离开胸部。如此反复有节律地进行。其按摩速度为每分钟约 60～80 次。②胸外心脏按摩时的注意事项：胸部严重损伤、肋骨骨折、气胸或心包填塞的伤员，不应采用此法；胸外心脏按摩应与人工呼吸配合进行；按摩时，用力要均匀，力量大小看伤员的身体及胸部情况而定；按压时，手臂不要弯曲，用力不要过猛，以免使伤员肋骨骨折；随时观察伤员情况，作出相应的处理。

3. 现场止血应急措施

当伤员身体有外伤出血现象时，应及时采取止血措施。常用的止血方法有：① 伤口加压法。这种方法主要适用于出血量不太大的一般性伤口，通过对伤口的加压和包扎，减少出血，让血液凝固。其具体做法是如果伤口处如果没有异物，用干净的纱布、布块、手绢、绷带等物或直接用手紧压伤口止血；如果出血较多时，可以用纱布、毛巾等柔软物垫在伤口上，再用绷带包扎以增加压力，达到止血的目的。② 手压止血法临时用手指或手掌压迫伤口靠近心端、的动脉，将动脉压向深部的骨头上，阻断血液的流通，从而达到临时止血的目的。这种方法通常是在急救中和其他止血方法配合使用，其关键是要掌握身体各部位血管止血的压迫点。手压法仅限于无法止住伤口出血，或准备敷料包扎伤口的时候。施压时间切勿超过 15 分钟。如施压过久，肢体组织可能因缺氧而损坏，以致不能康复，继而还可能需要截肢。③ 止血带法这种方法适合于四肢伤口大量出血时使用。主要有布止血带绞紧止血、布止血带加垫止血、橡皮止血带止血三种。使用止血带法止血时，绑扎松紧要适宜，以出血停止、远程不能摸到脉搏为好。使用止血带的时间越短越好，最长不宜超过 3 小时。并在此时间内每隔半小时或 1 小时慢慢解开、放松一次。每次放松 1～2 分钟，放松时可用指压法暂时止血。不到万不得已时不要轻易使用止血带，因为上好的止血带能把远程肢体的全部血流阻断，造成组织缺血，时间过长会引起肢体坏死。

4. 现场搬运转送应急措施

搬运转送是危重伤病员经过现场急救后由救护人员安全送往医院的过程，是现场急救过程中的重要环节。因此，必须寻找合适的担架，准备必要的途中急救力量和器材，尽可能调度速度快、震动小的运输工具。同时，应注意掌握各种伤病员搬运方式的不同：上肢骨折的伤员托住固定伤肢后，可让其自行行走；下肢骨折用担架抬送；脊柱骨折伤员，用硬板或其他宽布带将伤员绑在担架上；昏迷病人，头部可稍垫高并转向一侧，以免呕吐物吸入气管。

四、物体打击事故应急处置措施

当发生物体打击事故后，抢救的重点放在对颅脑损伤、胸部骨折和出血上进行处理，应马上组织抢救伤者，首先观察伤者的受伤情况、部位、伤害性质，如伤员发生休克，应先处理休克。遇呼吸、心跳停止者应立即进行人工呼吸，胸外心脏按压。处于休克状态的伤员要让其安静、保暖、平卧、少动，并将下肢抬高约20度，尽快送医院进行抢救治疗。出现颅脑损伤，必须维持呼吸道通畅。昏迷者应平卧，面部转向一侧，以防舌根下坠或分泌物、呕吐物吸入，发生喉阻塞。有骨折者，应初步固定后再搬运。遇有凹陷骨折、严重的颅底骨折及严重的脑损伤症状出现，创伤处用消毒的纱布或清洁布等覆盖，用绷带或布条包扎后，及时送往医院治疗。遇有创伤性出血的伤员，应迅速包扎止血，使伤员保持在头低脚高的卧位，并注意保暖。

五、中毒窒息事故应急处置措施

在地质调查、坑道钻探施工、地灾治理等作业过程中，可能因矿区作业误入盲竖井、有毒蛇虫咬伤、坑道内作业遇有毒有害气体或粉尘、作业过程误食有毒植物、饮用不清洁水源、桩孔开挖后未进行有毒有害气体检测、食用变质食品、煤炉取暖通风不良等原因导致中毒窒息事故。

（1）发生井下、坑内、池内、管道内急性有毒气体中毒事故时，其他人员切忌盲目进入井下、坑内、池内、管道内救人，一定要在佩戴防毒面具，系好安全绳，并有专人监护的条件下施救，避免增加不必要的人身伤亡和财产损失。发生着火时，不能用二氧化碳、四氯化碳等窒息性灭火器扑救。要注意救护过程中，防止产生静电、着火、爆炸等二次灾害。总之，不能使事故扩大。对于有毒物泄漏空间的救援作业，首先佩带防毒护品，如有门窗，应全面打开门窗通风，并携带防毒护品，给施救人员和伤员佩带，协助他们或救助他们脱离污染区。要注意救护过程中，防止产生静电、着火、爆炸等二次灾害。

（2）现场施救过程中，如人员发生急性中毒，应立即将患者撤离现场，移至空气流通处，保持其呼吸道的通畅，有条件的还应给予吸氧；如毒气有眼部损伤者，应尽快用清水反复冲洗。对呼吸停止者，应立即进行人工呼吸，心脏停止跳动时，施行胸外按压，促使自动恢复呼吸（二氧化硫和二氧化氮的中毒者只能进行口对口的人工呼吸，不能进行压胸或压背法的人工呼吸）；对休克者应让其取平卧位，头稍低；对昏迷者应及时清除口腔内异物，保持呼吸道通畅，将上衣、腰带解开，将鞋脱掉；天气寒冷，要用棉被或毯子将中毒者身体覆盖保暖。及时拨打急救电话120，或由救护人员立即将中毒者送至就近医疗机构进行救治。拨通救护电话后，要讲清“三要素”：①讲清危重病人所在区域的详细地址；②讲清灾害性质、受伤人数、伤害原因；说明中毒或窒息原因，便于医院做好应急抢救准备；③讲清报警人的姓名和电话号码。医疗部门电话打完后，应立即到路口迎候救护车。护送前及护送途中要注意防止休克。搬运时动作要轻柔，行动要平稳，以尽量减少伤员痛苦。

六、火灾事故应急处置措施

1. 一般火灾处置措施

现场发现火灾人员应第一时间使用现场灭火器等灭火设施进行灭火，并高声呼喊；若发现火势不可控，应迅速拨打当地消防部门电话请求灭火。现场应急人员在消防人员到达事故现场之前，应继续根据不同类型的火灾，采取不同的灭火方法，加强冷却，撤离周围易燃可燃物品等办法控制火势。现场应急指挥应及时向有关部门报告，派人接应消防车辆。在有可能形成有毒或窒息性气体的火灾时，应佩戴隔绝式氧气呼吸器或采取其他措施，以防救援灭火人员中毒，消防人员到达事故现场后，听从指挥积极配合专业消防人员完成灭火任务。负责疏散人员应通知引导火场人员尽快疏散，撤离火灾现场的人员在烟雾弥漫中，要用湿毛巾掩鼻，低头弯腰逃离火场。进行自救灭火，疏导人员、抢救物资、抢救伤员等，救援行动时，应注意自身安全防护，无能力自救时各组人员应尽快撤离火灾现场。

2. 电气火灾处置措施

电线、电气设施着火，应首先切断供电线路及电气设备电源。灭火人员应充分利用现有消防设施、装备器材投入灭火。及时疏散事故现场有关人员及抢救疏散着火源周围的物资。着火事故现场由熟悉带电设备的技术人员负责灭火指挥或组织消防灭火组进行扑灭电气火灾。扑救电气火灾，可选用二氧化碳灭火器和干粉灭火器，不得使用水、泡沫灭火器灭火。扑救电气设备着火时，如未断电，灭火人员不得进入火场灭火。

3. 现场抢救受伤人员措施

被救人员衣服着火时，可就地翻滚，或者用水、砂子等物覆盖灭火，伤处的衣、裤、袜等应剪开脱去，不可硬行撕拉，伤处用消毒纱布或干净棉布覆盖，并立即送往医院救治。对烧伤面积较大的伤员要注意呼吸，心跳的变化，必要时进行心脏复苏。对有骨折出血的伤员，应作相应的包扎，固定处理，搬运伤员时，以不压迫创面和不引起呼吸困难为原则。抢救受伤严重或在进行抢救伤员的同时，应及时拨打急救中心电话，由医务人员进行现场抢救伤员的工作，并派人接应急救车辆。

第三节　应急演练实施

地质勘探工作的应急救援需要多个部门之间的密切合作，因此需要建立一个统一的指挥和协调机制，合理配置各种救援资源，及时把握发展现状，同时，各部门之间应该及时地沟通，建立应急救援过程中紧急救援部门协调与其他救援部门，监督管理各个环节的应急救援工作，确保规章制度的有效实施。在发生事故时，首要任务是及时疏散人员，做好安置工作，减少人员伤亡。当紧急救援指示下达时，应确保救援人员及时到位、救援工作有效开展、应急救援物资配备充足、救援技术先进可行。（如图 12-5、图 12-6 所示）。

图 12-5　钻探施工机械伤害现场应急演练

图 12-6　土地复垦项目现场应急演练

第四节　善后处理与总结

应急演练结束后要突出重点，认真做好总结工作，采用科学的方法对应急恢复能力和可用的应急资源进行总结评估，充分考虑消除事故影响、妥善安置受伤人员、减少社会影响等善后因素，对于生产因突发事件受到影响的应确定影响程度，及时调整相关生产计划，采取有效措施，尽量减少损失。同时，通过从演练错误中吸取教训，总结有效经验和措施，修订完善相关应急预案。

第十三章

安全生产检查信息化集成系统

安全生产检查是排查事故隐患，降低生产安全事故发生概率的有效手段，是日常安全生产监视测量和过程控制的主要内容。目前的安全检查形式仍然是以检查人员经验直觉判断和填写纸质检查表为主，检查记录和结论无法与现场检查同步进行，致使检查结果的准确性受检查人主观影响较大，严重影响了现场检查过程记录的可靠度和工作效率。因此，有必要在结合现场安全检查工作实际的基础上将硬件设备与计算机应用程序相结合设计一种既能够实现手机等便携式移动终端的即时录入，又能够实时打印和在线上传的安全生产检查信息化集成系统，从而实现安全生产检查的信息化、便捷化和规范化，提高工作效率。

第一节　设计思路

安全生产信息化集成系统顾名思义是将信息化技术与相关的硬件配套设备相结合组成一套系统，目的是通过集成系统的应用实现安全检查的信息化、数据化和实时化，构建安全生产检查“一张图”，利用 GIS 地理信息技术进行项目信息定位及项目查询分析，从而提高安全检查效率和工作质量。安全生产检查信息化集成系统主要包括硬件打印输出系统和实时检查输入系统两部分，输入和输出系统通过蓝牙或无线网络连接实现电子信息纸质化生成。其中，硬件打印输出系统主要为目前主流的配备蓝牙或无线网络功能的便携式打印机；实时检查输入系统是以智能手机、平板电脑等便携式移动终端为载体设计的一款应用程序，能够实现网络查询、在线传输、数据分析、信息共享、动态管理等功能，并且应用程序各模块之间应能够相互关联，留有新增模块接口。

第二节　关键技术

一、GPS 定位与 GIS 地理信息技术

通过 GPS 与 GIS 技术的结合应用，实现以地图定位的形式更直观地展现各个地质勘探项目的项目地理信息与项目概况信息。通过 GPS 技术获得坐标点的位置信息，并在此基础上实现查询定位的功能。可以将 GIS 技术拓展到移动设备上，实现：在现场利用地图分析问题，做出决策；采集、检查、维护数据；数据的查询、分析、同步功能。

二、智能移动终端技术

为解决安全生产检查工作场所没有网络的问题，使用智能移动终端技术。相对于 PC 和笔记本电脑，智能移动终端拥有众多优势，比如通话、拍照、定位、信息推送、信息同步等，从而有效避免地质勘探项目工作信息滞后、信息丢失等问题。

三、利用图表技术

Extjs 4.0 中提供的 Chart 技术，基于 Web 技术（SVG 和 VML）构建，新图表包是一次编写，不依赖于第三方任意运行的解决方案。可创建甘特图、饼图、拆线图等，所有这些都是动画的、易于配置的和可扩展的，包含了 22 个图表示例以展示更多的可用配置。通过使用图表技术，用户看到的不再是密密麻麻的文字信息，而是更直观的各种样式的图表，以便于用户进行统计、类比、分析，同时在一定程度上也减轻了视觉疲劳。

四、工作流技术

利用工作流技术（workflow），能够提升软件的适应度，通过可变的工作流技术，令软件在不同的单位都能匹配该单位的管理，灵活性更强，大大减少在组织内部不必要的物料、信息的传递时间。

五、技术路线图

系统采用B/S架构，通过对地质勘探项目管理信息化系统的管理需求及各种主流技术优缺点的总结与分析，构建全新的系统架构，满足不同组织的快速变化需求。采用体系化的.net技术、MVC、应用C#语言，综合应用关系型数据库技术处理结构化数据、非结构化数据和文档级的权限控制机制，采用HTTP、TCP/IP通信协议，实现IE等多种形式的应用支持。

系统形成非常成熟的体系化分层结构，可以实现组件化封装，实现不同业务关注点之间的分离。采用这种结构使地质勘探项目信息化管理系统开发更便捷，更具维护性、扩展性、伸缩性，提高系统整体性能。

系统应用服务器采用Windows Server 2012系统；采用C#开发语言，具备较高的稳定性和安全性。

第三节　检查输入模块构成

检查输入系统是安全生产信息化集成系统的主体，遵循简洁易用、核心突出的原则，按照信息共享和动态管理的原理将系统分为4组主模块，分别为实时检查、信息查询、统计分析、位置共享，并且各模块之间的数据存在一定的关联性（如图13-1所示）。

一、实时检查

使用实名账号登入，能够实现检查信息的添加、修改和更新等实时录入功能，可以进行多种检查表或资料模板的切换，支持现场照片上传。主要包括：用户信息、检查信息、打印生成等3个子模块。

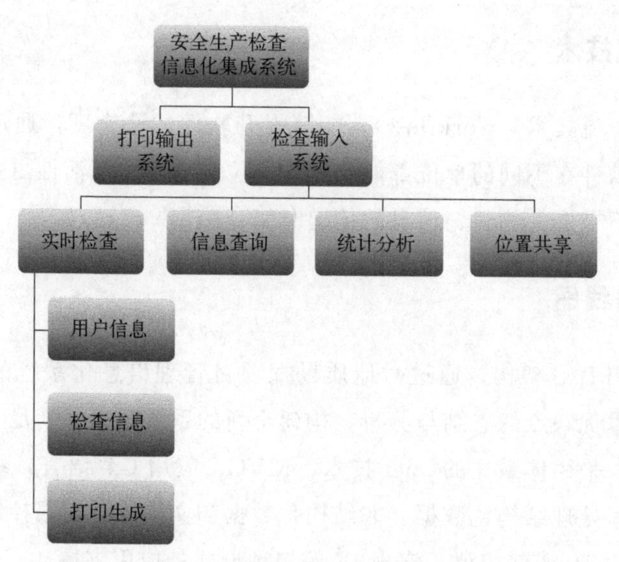

图 13-1　安全生产检查信息化集成系统结构图

1. 用户信息

可添加、修改用户信息，设置用户头像等，能够根据在线时长或登录次数计算用户等级和活跃度，鼓励安全管理人员经常性登录、使用应用程序。

2. 检查信息

支持多种检查表或录入模板的切换、添加，预设的检查表或记录表内容应与相关安全管理制度或要求完全一致，可实现联想输入和照片的上传。对于录入完成的检查信息可选择打印或暂存。

3. 打印生成

对录入完成的检查信息进行打印输出，可选择需要打印的表格，生成 A4 纸尺寸的检查表。

二、信息查询

信息查询模块作为检查信息录入的辅助模块，能够即时提供相关法律法规、标准或规范的查询。支持在搜索框中输入查询关键词，通过关键词查找或模糊搜索实现信息的即时查询，并支持文字复制粘贴。

三、统计分析

能够根据检查信息的录入内容和结果进行数据分类汇总，支持自定义分类，如按日期、项目名称、检查单位分类统计或对存在的问题和不符合项内容进行汇总，可导出生产 EXCEL 表格。

四、位置共享

能够实现在线用户的位置信息共享，通过电子地图显示人员位置信息。

参考文献

[1] 王伟，刘强，赵德贵，等．地勘单位建立职业安全健康管理体系探讨［J］．安全与环境工程，2011，(18) 1：81-84.

[2] "54321"安全管理模式 打造本质安全型矿井［J］．煤矿安全，2011，9：178-180.

[3] 雷斌，曹振，张宁．西安地铁安全文化体系建设研究［J］．中国安全生产科学技术，2012，6 (8)：221-224.

[4] 刘国愈，雷玲．海因里希事故致因理论与安全思想因素分析［J］. 安全与环境工程，2013，1 (20)：138-142.

[5] 张扬．地勘单位"0-65432"安全管理模式研究［J］. 安全与环境工程，2014，5，21 (3)：136-143.

[6] 郭旭，陈秋平．地勘行业劳动防护用品标准化体系建设研究［J］. 中国个体防护装备，2014，4：33-36.

[7] 张扬．地质勘查施工项目风险分级管理［D］. 北京：中国地质大学（北京）安全工程硕士，2014.

[8] 贺龙．责任矩阵在隐患排查治理中的应用［J］. 中国安全科学学报，2014，7，24 (7)：175-179.

[9] 万又铖，张莲芳，雷文章，等．涉外项目企业安全风险预防与安全文化建设［J］. 中国安全生产科学技术，2014，12 (10)：27-30.

[10] 许铭，吴宗之，罗云，等．基于 LOP 模型的事故隐患分类分级研究［J］. 中国安全科学学报，2014，7，24 (7)：15-20.

[11] 邓军，李贝，张兴华，等．LEC 法在建筑施工企业安全生产事故隐患排查治理中的运用［J］. 安全与环境工程，2014，1，21 (1)：103-107.

[12] 陈述，栗嘉琨，向玉华．企业安全生产标准化体系的成长性态诊断［J］. 安全与环境学报，2015，10，15 (5)：170-174.

[13] 王伟．地质勘探单位安全文化建设水平评价研究［J］. 安全与环境工程，2016，7，23 (4)：160-163.

[14] 赵平，刘康，黎晓东．基于 MM 的建筑施工企业现场安全管理量化分析［J］. 安全与环境工程，2017，1，24 (1)：134-140.

[15] 王龙康，聂百胜，蔡洪检，等．煤矿安全隐患动态分级闭环管理方法及应用［J］. 中国安全生产科学技术，2017，6，13 (6)：126-131.

[16] 张扬．艰险地区地质调查作业人员安全装备保障体系的构建［J］. 安全与环境工程，2017，11，24 (6)：107-112.

[17] 张扬，华北，王璐，等．地勘单位IACA事故隐患排查治理模型研究［J］．安全与环境工程，2018，25（2）：139-142.

[18] 张扬，车明德，刘升台，等．地勘单位“4＋2”安全标准化应用模式研究［J］．安全，2018（10）：45-48.

[19] 张扬，王璐，刘智慧，等．多物探方法在胶东某金矿采空区勘查中的应用研究［J］．地质与勘探，2019，55（3）：809-817.

[20] 张扬，刘升台，刘智慧，等．地勘单位“5734”安全文化建设改进模型研究［C］//应急管理部宣教中心，《企业管理》杂志社．第二届全国安全文化优秀论文集（上册）．企业管理出版社，2021：193-197.

[21] 张扬，王建军，张璐，等．地勘单位“3＋7”一体化安全生产管控模型研究［C］//中国标准化协会．《中国标准化年度优秀论文（2022）论文集》，2022：677-682.

[22] 张扬．艰险地区地质调查作业北斗终端适用性研究［J］．安全与环境工程，2023，30（4）：56-61.

[23] 张扬，张建波，刘升台．一种地质勘查作业用移动式配电箱：ZL 2017 2 0049521.5.2017-08-11.

[24] 张扬，刘升台，张建波．一种地质勘查野外作业用地质锤：ZL 2017 2 0047071.6.2017-09-22.

[25] 张扬，车明德，刘升台，等．一种地质调查取样机：ZL 2018 2 0169388.1.2018-08-31.

[26] 张扬，夏永刚，刘百顺，等．一种具有除湿功能的井下配电柜：ZL 2020 2 0543241.1.2020-09-01.

[27] 张扬，王璐，张建波，等．一种钻探工程孔口泥浆清除器：ZL 2020 2 0563013.0.2020-11-10.

[28] 张扬，雷会东，刘升台，等．一种用于野外地质勘查施工的防护围栏：ZL 2020 2 2655028.2.2021-07-23.

[29] 张扬，雷会东，赵元琦，等．一种岩心钻探泥浆循环处理系统：ZL 2021 2 1184118.1.2021-11-16.

[30] 张扬，车明德，李建璞，等．一种设有偏移检测机构的预制桩辅助架：ZL 2023 2 0245003.6.2023-07-04.